本书受江苏省重点研发计划（现代农业）项目"稻-羊肚菌周年绿色轮作增效关键技术研发（BE2021315）"、江苏省农业科技自主创新资金项目"非粮生物基羊肚菌营养袋创制技术研究[CX（23）3099]"、江苏省亚夫科技服务项目"常熟蒋巷生物多样性农业综合种养技术推广应用[KF（23）1102]"、江苏现代农业产业技术体系建设项目（JATS[2023]343）、苏州市姑苏乡土人才（农业专业类）培养资助项目"'稻田+'综合种养模式优化构建与关键技术创制应用"等项目资助。

水稻-羊肚菌轮作模式与技术

SHUIDAO-YANGDUJUN LUNZUO MOSHI YU JISHU

董明辉　等 编著

苏州大学出版社
Soochow University Press

图书在版编目（CIP）数据

水稻-羊肚菌轮作模式与技术 / 董明辉等编著 . —
苏州：苏州大学出版社，2023.12
ISBN 978-7-5672-4623-2

Ⅰ.①水… Ⅱ.①董… Ⅲ.①水稻—轮作②羊肚菌—
轮作 Ⅳ.①S511.04②S646.7

中国国家版本馆 CIP 数据核字（2024）第 007242 号

| 书　　　名：水稻-羊肚菌轮作模式与技术
| 编　　　著：董明辉等
| 责任编辑：徐　来
| 装帧设计：吴　钰
| 出版发行：苏州大学出版社（Soochow University Press）
| 社　　　址：苏州市十梓街 1 号　　邮编：215006
| 网　　　址：www.sudapress.com
| E-mail：sdcbs@suda.edu.cn
| 印　　装：苏州市越洋印刷有限公司
| 邮购热线：0512-67480030　　销售热线：0512-67481020
| 网店地址：https://szdxcbs.tmall.com/（天猫旗舰店）

| 开　　本：700 mm×1 000 mm　1/16　印张：10.25　字数：190 千
| 版　　次：2023 年 12 月第 1 版
| 印　　次：2023 年 12 月第 1 次印刷
| 书　　号：ISBN 978-7-5672-4623-2
| 定　　价：68.00 元

凡购本社图书发现印装错误，请与本社联系调换。服务热线：0512-67481020

《水稻-羊肚菌轮作模式与技术》编委会

主 任

董明辉

副主任

谢春芹　金梅娟　顾鲁同　邢国文

编　委（以姓氏笔画为序）

凡军民　马佳佳　王文青　王海候　史　平　伏广成
仲　嘉　庄丽萍　孙　婷　李　茹　李亚娟　何丽华
宋　英　宋云生　张　丽　陈　枫　姜建新　袁彩勇
顾俊荣　徐　喆　徐　辉　唐　凯　曹　正　曹明华

Preface 序

习近平总书记高度重视"三农"工作,对做好"三农"工作提出了一系列新理念、新思想、新战略,科学回答了新时代"三农"工作的重大理论和实践问题,形成了习近平新时代中国特色社会主义"三农"思想。习近平总书记强调,农业强不强、农村美不美、农民富不富,决定着亿万农民的获得感和幸福感,决定着我国全面小康社会的成色和社会主义现代化的质量。全面建设社会主义现代化国家,最艰巨最繁重的任务仍然在农村。党的十九大报告提出实施乡村振兴战略,党的二十大报告提出要全面推进乡村振兴,而实施乡村振兴战略就是要解决我国经济社会发展中最大的结构性问题。经过多年不懈努力,我国农业农村发展不断迈上新台阶,已进入新的历史阶段,农业的主要矛盾由总量不足转变为结构性矛盾,矛盾的主要方面在供给侧,必须深入推进农业供给侧结构性改革,加快培育农业农村发展新动能,开创农业现代化建设新局面。要坚持绿色生态导向,推动农业农村可持续发展。推进农业绿色发展是践行农业发展观的一场深刻革命。

2019年,农业农村部办公厅印发了《农业绿色发展先行先试支撑体系建设管理办法(试行)》(以下简称《办法》)。《办法》要求推进支撑体系建设,推动形成不同生态类型地区的农业绿色发展整体解决方案,实现由数量导向转向质量导向,为不断满足人民群众对美好生活的需要发挥积极作用。在确定"建立和完善绿色农业技术体系"重点任务时,要求分品种开展技术创新集成,开展绿色生产技术联合攻关,形成与当地资源环境承载力相适应的种养技术模式;分生态区域类型开展技术创新集成,因地制宜地创新区域性农业绿色发展关键技术和模式。在确定"建立和完善绿色农业产业体系"重点任务时要求大力发展种养结合、生态循环农业,扩大绿色、有机和地理标志农产品种养规模、大力培育农产品品牌，增加绿色优质农产品供给，提升绿色农产品质量和效益，实现农村一二三产业融合发展。

随着气候变化、土壤退化、农业面源污染等诸多挑战日益加剧，由传统农业向绿色循环农业转变的要求变得更为迫切。发展低碳高效农业，推进农业农村绿色发展已成为乡村产业振兴战略实施的优先选项。江苏省作为我国水稻生产大省，在稳粮兴农、科技创新方面做了长期的探索实践，尤其是在启动轮作休耕试点以来，先后创建并应用了稻肥轮作、稻油轮作、稻经轮作、稻田综合种养等多种生态高效种养技术模式，契合了农业绿色发展和供给侧结构性改革的要求，有效地促进了生态效益和经济效益等综合效益的提升，呈现出良好的市场应用前景。

近年来，食用菌因具有生态、高效、健康的多种特性而成为乡村振兴的重要产业项目。据统计，截至"十三五"末，全国食用菌总产量达2 934万吨，食用菌已成为种植业的第五大作物。江苏省处于亚热带和暖温带的气候过渡地带，温光资源充足，冬季气温适宜。由于羊肚菌、大球菌菇等食用菌的生长具有耐低温特性，江苏省因地制宜地创建了以"水稻-羊肚菌"为代表的稻菌轮作高效栽培模式，该模式已被列入江苏省农业重大技术推广计划。食用菌的稻田栽培还具有就地利用作物秸秆、提高土壤质量和减少温室气体排放等益处，是可实现经济价值和生态效益双丰收的绿色健康产业。本书对江苏自然资源特征、水稻品种与栽培、羊肚菌品种特性与筛选、羊肚菌栽培技术、水稻-羊肚菌周年轮作技术模式及其投入成本与效益等进行了详细介绍，并引入了田间工程构建技术、抗逆技术、病虫害绿色防控技术等，旨在帮助水稻种植者和食用菌种植者转变传统种养观念，将单一的种植模式升级到稻菌轮作等生态复合种养模式，指导其科学选用相关的营养转化袋、肥料、药剂等，了解水稻和食用菌的采收、储藏、加工技术与流程，实现经济效益、生态效益和社会效益全面提升的绿色发展目标。

Contents 目录

第一章　羊肚菌生态特性与江苏气候、土壤特征
- 第一节　羊肚菌生态特性 …… 003
- 第二节　江苏气候、土壤特征 …… 005
  - 一、江苏气候条件及特征 …… 005
  - 二、江苏稻田土壤类型 …… 008
  - 三、羊肚菌稻田土选择 …… 012

第二章　水稻-羊肚菌轮作模式
- 第一节　水稻生长特性与品种选择 …… 015
  - 一、水稻生长发育特性 …… 015
  - 二、水稻需肥特性 …… 018
  - 三、水稻需水特性 …… 019
  - 四、影响产量形成的因素 …… 021
  - 五、影响稻米食味品质的因素 …… 022
  - 六、优良食味水稻品种 …… 027
- 第二节　羊肚菌的营养价值与生长特性 …… 035
  - 一、羊肚菌的营养价值与药用功能 …… 035
  - 二、羊肚菌生长发育特性 …… 037
  - 三、羊肚菌对生长环境的要求 …… 038
  - 四、羊肚菌主栽品种 …… 039
  - 五、羊肚菌菌种和营养转化袋制备技术 …… 041
- 第三节　水稻-羊肚菌轮作技术 …… 046
  - 一、茬口安排 …… 046
  - 二、水稻绿色生产技术 …… 046
  - 三、羊肚菌绿色高效生产技术 …… 051

四、稻茬羊肚菌田间工程　　056
　　五、危害羊肚菌生长的逆境条件及预防措施　　057
　　六、水稻的收获与储藏加工　　067
　　七、羊肚菌采后分级、储运和加工　　070

第三章　羊肚菌-大豆（豆丹）/水稻轮作模式
第一节　豆丹的特征特性　　075
第二节　羊肚菌-大豆（豆丹）/水稻轮作技术　　077
　　一、茬口安排　　077
　　二、羊肚菌生产管理　　077
　　三、水稻生产管理　　077
　　四、大豆（豆丹）高效生产技术　　078
　　五、豆丹的采收、保鲜与加工　　082

第四章　水稻-羊肚菌-西瓜轮作模式
第一节　西瓜栽培品种与生长习性　　088
　　一、栽培品种　　088
　　二、生长习性　　088
第二节　水稻-羊肚菌-西瓜轮作技术　　089
　　一、茬口安排　　089
　　二、水稻生产管理　　089
　　三、羊肚菌生产管理　　089
　　四、西瓜绿色生产技术　　090
　　五、西瓜适时采收方法　　092
　　六、西瓜病虫害绿色防控方法　　092

第五章　水稻-羊肚菌-藜麦（芽菜）轮作模式
第一节　藜麦品种与生长习性　　098
　　一、栽培品种　　098
　　二、生长习性　　098
第二节　水稻-羊肚菌-藜麦（芽菜）轮作技术　　099
　　一、茬口安排　　099
　　二、水稻生产管理　　099

　　　　三、羊肚菌生产管理 | 099
　　　　四、藜麦芽菜绿色生产技术 | 100
　　　　五、藜麦芽菜适时采收标准 | 100

第六章　水稻及羊肚菌病虫草害绿色防控技术

　　第一节　水稻病虫草害绿色防控技术 | 105
　　　　一、水稻病害 | 105
　　　　二、水稻虫害 | 111
　　　　三、稻田草害 | 115
　　第二节　羊肚菌病虫害绿色防控技术 | 117
　　　　一、羊肚菌病害 | 117
　　　　二、羊肚菌虫害 | 120

第七章　羊肚菌采收、保鲜与初加工技术

　　　　一、羊肚菌采收技术 | 125
　　　　二、羊肚菌分级标准及其存放 | 125
　　　　三、羊肚菌保鲜技术 | 126
　　　　四、羊肚菌干制技术 | 127
　　　　五、羊肚菌推荐食谱 | 129

第八章　水稻-羊肚菌轮作模式效益分析

　　第一节　稻菌轮作种植模式的经济效益 | 137
　　　　一、水稻-羊肚菌轮作模式成本分析 | 137
　　　　二、水稻-羊肚菌轮作模式利润分析 | 139
　　第二节　稻菌轮作种植模式的生态效益 | 140
　　　　一、有利于实现秸秆资源高质化利用 | 140
　　　　二、促进土壤培肥，实现化肥减量 | 141
　　　　三、减排农田气体，实现绿色发展 | 144
　　　　四、克服连作障碍，实现可持续健康生产 | 145
　　　　五、治理环境污染，实现耕地友好 | 146
　　第三节　稻菌轮作种植模式的社会效益 | 147
　　　　一、合理配置自然资源 | 147
　　　　二、丰富乡村产业多样性 | 147

　　　　三、优化乡村人才结构　　　　　　　　｜ 148
第四节　水稻-羊肚菌轮作模式典型案例分析　　｜ 149
　　　　一、涟水新钰源农业科技有限公司　　　｜ 149
　　　　二、常熟市坞坵米业专业合作社　　　　｜ 150
　　　　三、灌云县杨集镇张永均稻麦种植家庭农场｜ 151

后记　　　　　　　　　　　　　　　　　　　｜ 153

第一章 羊肚菌生态特性与江苏气候、土壤特征

第一节 羊肚菌生态特性

羊肚菌属土生菌，多在石灰岩、白垩质土壤中分布，在堆过燃煤、烧过木炭的场所也生长较多，多为单生、散生，亦有群生。羊肚菌亚种及野生羊肚菌主要分布于亚洲、欧洲、北美洲，如中国、印度、法国、德国、美国等国。我国羊肚菌资源丰富，主要分布在新疆、云南、甘肃、陕西、四川等地。不同地区分布的羊肚菌种属存在一定差异，这与其所处的特殊自然环境有关。据报道，1982年美国的唐纳德·欧文斯（Donald Owers）实现了羊肚菌人工气候室内出菇，取得了羊肚菌人工栽培突破性进展。20世纪90年代以来，我国羊肚菌的栽培从仿生栽培、圆叶杨菌材栽培模式发展到大田产业化栽培模式。随着营养转化袋（也称营养袋、外援转化袋、菌外营养袋等）技术的出现和不断创新，优良菌种选育、优质菌种生产、覆膜栽培管理等技术的不断集成与创新发展，我国羊肚菌产业化栽培取得了重大突破，栽培面积和产量迅速增加。据不完全统计，2012年全国羊肚菌栽培面积在3 000亩（1亩≈667 m^2）左右，2018至2019年达12～14万亩，2020年则达16.6万亩。目前，我国羊肚菌人工栽培与市场销售方兴未艾，主栽区域由川渝地区向周边地区蔓延，主要分布在四川、重庆、湖北、云南、贵州、河南等地，并在河北、山西、甘肃、新疆、广东、湖南、福建、江苏、安徽、山东、北京、辽宁、吉林和黑龙江等地陆续试栽成功。

目前可栽培的羊肚菌品种均属于低温高湿腐生型蕈菌，多属于黑色羊肚菌类群，在我国自然分布较广。羊肚菌子实体如图1-1所示。羊肚菌生长状况及产量与所处的栽培环境密切相关。一般来说，羊肚菌适宜在土壤潮湿、降雨量多且地下水位高的环境中生长，多生长在以栎树、杨树、桦树为主的潮湿的针、阔叶林下腐殖土中。其适宜生长的土壤pH一般为6.0～8.0，含水量为56%～65%。春秋两季雨后会有大量的羊肚菌菌丝萌发，当气温上升到一定程度时，菌丝开始大量发育，逐渐形成羊肚菌，羊肚菌长大后便破土而出。羊肚菌在低温、高湿环境下生长迅速，对阳光的需求量不高，甚至需要避免阳光直射。目前我国羊肚菌栽培模式主要为开放式无基质栽培，与传统食用菌的栽培模式有较大差别。羊肚菌的栽培管理较为简单，然而，由于它的整个生命周期都会受到土壤条件、温度、湿度、酸碱度、光照等多种因素制约，其产量一直不稳定，商品价值层次高低不齐，严重制约着产业健康可持续发展。羊肚菌生长环境条件将在第二章中详细介绍。

图 1-1　羊肚菌子实体

第二节 江苏气候、土壤特征

一、江苏气候条件及特征

江苏省处于亚洲大陆东岸中纬度地带（30°45′~35°08′N），属东亚季风气候区，在亚热带和暖温带的气候过渡地带（一般以淮河、苏北灌溉总渠一线为界，以北地区属暖温带湿润、半湿润季风气候，以南地区属亚热带湿润季风气候），境内地势平坦。江苏拥有1 000多千米长的海岸线，海洋对江苏的气候有着显著的影响。在太阳辐射、大气环流及江苏特定的地理位置、地貌特征的综合影响下，其基本气候特点表现为气候温和、四季分明、季风显著、冬冷夏热、春温多变、秋高气爽、雨热同季、雨量充沛、降水集中、梅雨显著、光热充沛。由于江苏地处中纬度的海陆过渡带和气候过渡带，兼受西风带、副热带和低纬东风带天气系统的影响，气象灾害频发且种类多、影响面广，主要的气象灾害有暴雨、台风、强对流（包括大风、冰雹、龙卷风等）、雷电、洪涝、干旱、寒潮、雪灾、高温、大雾、连阴雨等；加之江苏省经济发达，人口稠密，各类气象灾害带来的影响和造成的损失比较严重，还有可能诱发其他衍生灾害。

气象学上通常把连续5天日平均气温稳定低于10 ℃定义为冬季开始，稳定高于22 ℃定义为夏季开始，介于两者之间为春、秋季。受季风影响，江苏省春秋较短，冬夏偏长，南北温差明显。春季平均起始时间为3月31日，夏季平均起始时间为6月7日，秋季平均起始时间为9月19日，冬季平均起始时间为11月19日。江苏的北部和南部在季节起止时间上有比较明显的差别，一般淮北地区和苏南地区会相差一周左右的时间。全省年平均气温在13.6 ℃~16.1 ℃之间，分布为自南向北递减。全省年平均气温最高值出现在南部的东山，最低值出现在北部的赣榆。全省冬季的平均气温为3.0 ℃，各地极端最低气温通常出现在冬季的1月或2月，极端最低气温为-23.4 ℃（宿迁，1969年2月5日）；全省夏季的平均气温为25.9 ℃，各地极端最高气温通常出现在盛夏的7月或8月，极端最高气温为41.8 ℃（宜兴，2022年8月12日）；

全省春季的平均气温为14.9 ℃，秋季的平均气温为16.4 ℃，春秋两季的气候相对温和。

全省年降水量为704～1 250 mm，江淮中部到洪泽湖以北地区降水量小于1 000 mm，以南地区降水量在1 000 mm以上。其降水分布特征为南部多于北部，沿海地区多于内陆地区。年降水量最多的地区在江苏最南部的宜溧丘陵山区，最少的地区在西北部的丰县。年最大降水量出现在1991年的兴化，为2 080.8 mm；年最小降水量出现在1988年的丰县，为352.0 mm。降水主要集中在6～8月，6月和7月的降水量占全年降水量的比例高达50%左右。

江苏太阳辐射年总量在4 245～5 017 MJ/m^2，分布上为北多南少，淮北地区大部分在4 700 MJ/m^{2}以上，苏南地区大部分在4 500 MJ/m^{2}以下，最大值区在淮北的东北部地区，最小值区在太湖周围地区。季节分布是夏多冬少，春秋均匀。全省年日照时数在1 816～2 503 h，其分布也是由北向南逐渐减少。

在全球气候变化的大背景下，江苏气候变化也非常明显，主要包括以下几个方面：一是气候变暖十分明显。根据江苏省气候中心的统计，2021年江苏的年平均气温达到了16.8 ℃，较常年偏高1.1 ℃，为1961年以来历史最高；特别是冬季气温升高幅度最大，低于0 ℃的低温日数明显减少。二是气象灾害的发生有明显变化。暴雨、雷电、大雾、霾、洪涝等灾害发生的频次和强度有增加趋势；部分灾害的时空分布特征发生变化，如近些年淮河流域易发生洪涝灾害，部分地区的小雨日数在减少，大雨以上日数在增加。

对照羊肚菌生长期所需的温度条件，选择江苏苏南常熟、苏中高邮、苏北赣榆2021年12月至2022年3月的最高和最低气温进行分析（图1-2～图1-4）。从数据分析来看，在2021年12月至2022年3月期间，江苏苏南常熟、苏中高邮、苏北赣榆三地的平均最高气温与最低气温分别为11.6 ℃与4.3 ℃、10.6 ℃与2.3 ℃、8.3 ℃与0.3 ℃，均符合羊肚菌生长期0 ℃～25 ℃的温度条件。除上述温度条件外，并不排除在原基萌发期遇低于0 ℃的低温（如2022年2月初宜兴地区羊肚菌原基萌发初期气温低于0 ℃，原基受冻后停止生长，羊肚菌产量受到严重影响），或是在子实体生长后期遇高于25 ℃的高温（如2022年3月中旬苏州地区连续多日最高气温超过25 ℃，甚至达到27 ℃，严重影响了菌丝体和子实体的正常生长，造成羊肚菌歉收或绝收）。在搭建设施时，考虑到可能遇到高温天气，可以采取降温和隔热的措施。

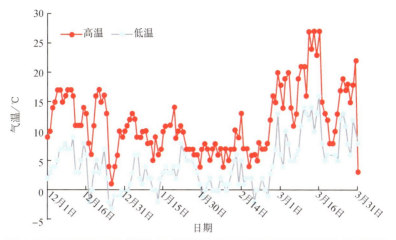

图 1-2　江苏常熟地区 2021 年 12 月至 2022 年 3 月最高气温与最低气温

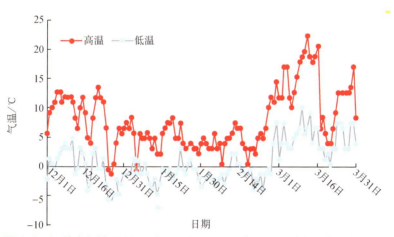

图 1-3　江苏高邮地区 2021 年 12 月至 2022 年 3 月最高气温与最低气温

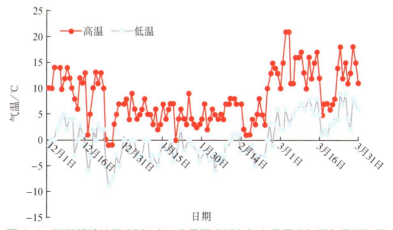

图 1-4　江苏赣榆地区 2021 年 12 月至 2022 年 3 月最高气温与最低气温

江苏全境光照充沛。羊肚菌属于喜阴凉的菌类，光照对于形成羊肚菌子实体具有一定的促进作用，较为微弱的散射光对于子实体的生长发育比较有利。因此，在人工种植羊肚菌时应当搭建黑色的遮光网，以确保羊肚菌的正常生长。

根据江苏降水情况分析，降水量基本符合羊肚菌对水分的需求，发生水渍灾害的可能性低；苏南地区降雨偏多，有必要采取开沟等措施降低厢面含水量。在设施栽培条件下，可通过水分控制来达到羊肚菌不同生育阶段对水分的要求。因考虑降水量存在一定的不确定性，同时要在种植基地周边开好排水沟，以便降雨时及时排出周边的雨水，控制好田间的湿度。

二、江苏稻田土壤类型

江苏全省土地总面积为 10.72 万 km^2，占全国总面积的 1.12%。江苏平原辽阔，河湖众多，水网密布，是全国地势最为低平的省区，绝大部分地区在海拔 50 m 以下。江苏省有黄淮平原、江淮平原和长江三角洲平原三大平原；有洪泽湖、太湖、高邮湖等大小湖泊 200 多个，其中太湖最大，北部的洪泽湖次之；有长江、淮河、沂沭河三大水系。

江苏省由北向南跨越了三个自然带：淮北属暖温带，淮南属北亚热带，位于省境南端的宜溧丘陵山区与东西洞庭山则具有中亚热带的气候特征。江苏处于暖温带向亚热带过渡的地带，气候温和，雨量适中，四季分明。这三个自然带发育着三种不同类型的土壤。淮北的暖温带区，石质低山丘陵的土壤发育为棕壤，土体呈棕色，土壤呈中性，盐基饱和，有机质层薄，多生长灌木与松、柏、杨等乔木。淮南的镇江、仪征、六合与茅山低山丘陵区属北亚热带，为黄棕壤分布区，土体呈黄棕色或红棕色，土壤呈微酸性至酸性，盐基饱和度多在 60%～80%，有机质层较薄，以马尾松等乔木与茶树等黄灌木的生长为主。宜溧丘陵山区为具有中亚热带特征的棕红壤分布区，土体呈棕黄色或红黄色，土壤呈酸性，盐基饱和度多在 50%～60%，有机质层较薄，马尾松、毛竹生长良好。广大的苏南太湖平原和苏北平原两大部分组成了以河湖沉积物形成为主的平原土壤发生类型。在多湖洼地，经人为耕作，已形成多种脱潜的水稻土壤类型。在长江沿岸，形成了沿江高砂土；在苏北，受黄河、淮河沉积物母质影响，土壤以黄潮土为主，并夹有由鲁南山地流来的沂沭河沉积物发育的土壤；在滨海平原，则以滨海盐土为主。依据江苏省第二次土壤普查结果（1982 年），全省土壤分土类、亚类、土属和土种四级，共有 13 个土类、33 个亚类、94 个土属和

212个土种。

1. 江苏省土壤pH空间分布

土壤pH是土壤化学性质的一个重要指标，它的高低极大地影响土壤生物的生长。江苏省土壤pH介于4.3～9.3之间，以pH为6.5～7.5和7.5～8.5的土壤面积分布最广（表1-1）。其中，pH为7.5～8.5的土壤面积达5.28万km^2，几乎占江苏土地总面积的一半；其次是pH为6.5～7.5的土壤，面积为3.04万km^2，占江苏土地总面积的近1/3。江苏省农业用地的土壤主要为水稻土与潮土，这些土壤是主要进行农业生产的土壤，分布在全省的大部分地区。水田土壤主要指水稻土，其经过长期耕种和培育改良，生产能力不断提高。pH为8.5～9.3的土壤面积是0.319万km^2，这部分土壤主要为盐碱土等，对农业有一定影响，主要分布在淮阴及盐城北部、连云港南部和南通部分地区。盐碱土影响农作物生长的主要原因是具有盐碱危害、土壤养分低和土壤物理性状差。其形成的自然因素主要包括：气候因素，地区年降水量远远小于蒸发量，有明显的季节性脱盐等特点；生物因素，主要指高等植物的选择性吸收对碱土的形成有重要作用；母质的影响，有些母质的风化物内含有较多的碱性成分。pH为4.3～5.0和5.0～6.5的土壤主要分布在南方山地，也包括扬州南部和北方连云港的部分地区，面积占一成多，其中有一些仍然可以种植水稻等（如pH为5.5～6.5的土壤）。pH为4.3～5.0的土壤主要分布在苏州、镇江的大部分地区，其他如无锡和常州南部等地也有少量分布。这部分土壤的主要成因：长期使用酸性或生理酸性肥；使用碳酸氢铵和尿素，它们虽然不是酸性肥，但其受好气的硝化细菌作用，铵基很快被氧化成硝基，使土壤酸化；有机肥用量锐减，土壤结构恶化，土壤缓冲性能降低；工厂废气、废水的污染造成大气污染，产生酸雨。

表1-1 江苏省不同pH土壤面积

pH范围	4.3～5.0	5.0～6.5	6.5～7.5	7.5～8.5	8.5～9.3
面积/万km^2	0.085 6	1.38	3.04	5.28	0.319

2. 土壤质地划分及江苏土壤质地

（1）土壤质地划分。

土壤质地是土壤的一项非常稳定的自然属性，它可以反映母质的来源和成土过程的某些特征，对土壤肥力有很大的影响，因而在制订土壤利用规划、确定施肥用量和种类、进行土壤改良和管理时必须加以重视。

土壤质地是根据机械组成划分的土壤类型。机械组成指土壤中各粒级矿物质土粒所占的百分数，也称颗粒组成。土壤中各粒级土粒含量（质量）的百分率的组合称为土壤质地（或土壤的颗粒组成、土壤的机械组成）。

目前，对土壤的分类有国际制、卡庆斯基制和中国制三种。1987年出版的《中国土壤》（第二版）中公布了中国的土壤质地分类标准，将土壤分为3组12种质地类型。我国的土壤质地分类标准目前仍处于试用阶段，还没有得到广泛的应用。纵观各种土壤质地分类制，尽管存在着一些差别，但大体上还是把土壤质地分为砂土、壤土、黏土三类（图1-5）。

(a) 砂土　　　　　　(b) 壤土　　　　　　(c) 黏土

图1-5　砂土、壤土及黏土

国际制土壤质地分类标准是根据黏粒（<0.002 mm）、粉砂（0.002～0.02 mm）和砂粒（0.02～2 mm）含量的比例，划定12种质地类型，各质地对应黏粒、粉砂与砂粒含量见表1-2。

表1-2　国际制土壤质地分类标准

序号	质地名称	黏粒 （<0.002 mm）/%	粉砂 （0.002～0.02 mm）/%	砂粒 （0.02～2 mm）/%
1	砂土及壤质砂土	0～15	0～15	85～100
2	砂质壤土	0～15	0～45	55～85
3	壤土	0～15	30～45	40～55
4	粉砂质壤土	0～15	45～100	0～55
5	砂质黏壤土	15～25	0～30	55～85
6	黏壤土	15～25	20～45	30～55
7	粉砂质黏壤土	15～25	45～85	0～40
8	砂质黏土	25～45	0～20	55～75
9	壤质黏土	25～45	0～45	10～55

（续表）

序号	质地名称	黏粒 （<0.002 mm）/%	粉砂 （0.002～0.02 mm）/%	砂粒 （0.02～2 mm）/%
10	粉砂质黏土	25～45	45～75	0～30
11	黏土	45～65	0～55	0～55
12	重黏土	65～100	0～35	0～35

（2）江苏土壤质地。

江苏省土壤以壤土为主，面积约6.91万 km^2，是主要的农业用地；黏土是第二大土壤类型，面积约2.27万 km^2；而砂土很少，只有约560 km^2。在壤土中，又以中壤最多，其次是重壤、轻壤和砂壤（表1-3）。壤土兼有砂土和黏土的优点（既具有像砂土那样的通气性，好气微生物活动强烈，有机质迅速分解并释放养分，使农作物早发，又具有黏土蓄水性强、保温性好的特点，使作物免受冻害），是较为理想的土壤，其耕性优良，适种的作物多。江苏地处亚热带和暖温带的气候过渡地带，温暖湿润的气候适宜农作物生长，加上长期以来的农业耕作，使得江苏土壤大部分成为适宜农业生产的壤土。黏土又分为轻黏、中黏和重黏。黏土的保水、保温性好，但质地黏重，黏着性、可塑性强，干缩湿涨现象严重，造成土壤板结，通透性不好，又易滞水，且养分含量低，是低产土壤。砂土有紧砂和松砂两种。这种土壤透气性好，但土壤砂性重，养分含量低，质地轻，易漏水漏肥，砂粒多，风蚀水蚀严重，也是一种低产土壤。

表1-3　江苏省不同质地土壤面积

土壤质地	面积/万 km^2	土壤质地	面积/万 km^2
紧砂	0.050	重壤	2.28
松砂	0.006	轻黏	1.34
砂壤	0.751	中黏	0.615
轻壤	1.43	重黏	0.314
中壤	2.45		

壤土分布在全省各地，其中轻壤主要分布在苏北和南通等地，中壤和重壤主要分布在苏南和扬州、淮阴、盐城等地，砂壤则分布在徐州南部、盐城和扬

州部分地区。其分布特点与土地利用等有较强的关联性。轻壤、砂壤的分布与旱作农业分布较为吻合；中壤、重壤与水稻田等农业区划一致，它们的保水性能比砂壤等要强一些。黏土从南向北，主要分布在江苏省中部，从太湖到连云港依次为轻黏和重黏，中黏则零碎地分布在苏北地区。

三、羊肚菌稻田土选择

图 1-6　生石灰

生长培养基或土壤 pH 在 6.0～8.0 时，羊肚菌均可生长。因此，应选择适宜土壤 pH 的稻田进行羊肚菌种植。江苏土壤 pH 的空间分布以 6.5～8.5 为主，面积占全省的 80% 左右。若土壤 pH 偏低，则可施用适量生石灰（图 1-6）或草木灰进行调节。此外，土壤质地同样为羊肚菌生长的重要影响因素，需选择适宜质地土壤生产羊肚菌。其中，选择砂质壤土最佳，而不宜选择黏重、保水性过好、渗水性差的土壤栽培羊肚菌。江苏大部分土壤质地以壤土为主，若选择在重壤土稻田种植羊肚菌，则可以适当添加改良剂（图 1-7），创造羊肚菌适宜的土壤质地环境。

木屑

基质

麦秸

图 1-7　部分土壤改良剂

参考文献

[1] 邢晓冉, 侯佳茜, 于艳杰, 等. 浅析羊肚菌研究进展 [J]. 食品工业, 2022, 43 (2): 269-271.

[2] 徐晨光, 冯新峰, 郑志伟, 等. 江苏省降雨时空分布特征研究 [J]. 现代农业科技, 2014 (20): 236-239.

[3] 沈德福. 江苏省 1∶20 万土壤数据库的建立及其应用研究 [D]. 芜湖: 安徽师范大学, 2004.

[4] 江苏省土壤普查鉴定委员会. 江苏土壤志 [M]. 南京: 江苏人民出版社, 1965.

第二章 水稻—羊肚菌轮作模式

第一节 水稻生长特性与品种选择

水稻品种及其生产技术的选择要考虑到与羊肚菌轮作的合理配置：一是在生育期即茬口上要科学衔接，选择生育期合理的品种并适期种植，满足羊肚菌对冬季和春季大田生长环境的要求；二是在田间管理上要规范合理，如对稻田杂草和病虫害开展物理或生物技术防控，不能使用化学除草剂，以免残留农药对羊肚菌生长产生危害。

一、水稻生长发育特性

在水稻生产中，通常把种子萌发到水稻新的种子产生作为水稻的一个生育周期，称为生育期。生育期可分为幼苗期、返青期、分蘖期、拔节孕穗期（穗分化期）、抽穗结实期。一般幼苗期在秧田已完成，移栽后缓苗成活的这段时间叫返青期，返青后就开始分蘖（有的在秧田已开始分蘖），随后开始穗分化（拔节）。幼穗分化以前是以根、茎、叶生长为主的营养生长期，穗分化到成熟是以穗、花、籽粒等生长为主的生殖生长期。

水稻的不同生育阶段之间是相互交叉联系的。营养生长是生殖生长的基础，生殖生长是营养生长的发展。营养生长不良，光合生产效率低，影响水稻的穗数和粒数；而营养生长过旺，则会导致稻株体内有机物质分配失调，不利于长穗增粒。营养生长期以分蘖增长为主要特征，而生殖生长期以穗粒形成为主要特征，这两个时期对外界环境条件的要求不同。了解水稻的生育特性及其与环境条件的关系，在生产上通过栽培管理措施的促控调节，能够协调营养生长和生殖生长之间的关系，达到高产、稳产和优质的目标。

1. 幼苗期

幼苗期是种子萌发到3叶期这个阶段，一般又分为种子萌发阶段和幼苗生长阶段。种子萌发前需浸种催芽。籼稻和粳稻发芽的最低温度分别为12 ℃和10 ℃，最适温度为28 ℃～32 ℃，最高温度可达40 ℃～42 ℃；但在育秧期间不能低于0 ℃～5 ℃，低温下水稻会出现烂种、烂芽和烂秧。因此，秧田需选择向阳、避风且利于灌排水的田地块，如遇低温可加盖薄膜，避免出现烂种、烂芽或烂秧。出苗及幼苗生长的适宜温度比发芽温度高2 ℃，即籼稻为14 ℃，粳稻为12 ℃。16 ℃以上时，籼稻、粳稻都可顺利出苗。

2. 返青期与分蘖期

返青期是水稻移栽后从秧田到本田成活的缓冲阶段，大约在4 d左右，要求薄水活棵，水太深会淹没生长点（心叶）造成透气性不良，从而导致烂秧或成活缓慢。返青后接着以分蘖为中心生长根和叶片。水稻分蘖期对温度、光照、水分和营养的要求如下：

（1）温度要求：水稻分蘖的最适气温为30 ℃～32 ℃，最适水温为32 ℃～34 ℃；最高气温为38 ℃～40 ℃，最高水温为40 ℃～42 ℃；最低气温为15 ℃～16 ℃，最低水温为16 ℃～17 ℃。低温会使分蘖延迟，且影响总分蘖的有效穗数，水温在22 ℃以下时分蘖就较缓慢，因此要求在15 ℃以上时开始插秧。

（2）光照要求：在分蘖期需要充足的阳光，以提高叶片的光合强度，制造有机物，促进分蘖数的增加。在自然光照下，返青后3 d就开始分蘖；若只有50%的自然光照，则返青后13 d才开始分蘖；若只有5%的自然光照，则不但不分蘖，连秧苗也会死亡。

（3）水分要求：分蘖期是对水最敏感的时期，稻田水饱和或浅水状态最有利于分蘖。在高温条件下（26 ℃～36 ℃），土壤持水量在80%时分蘖最多。在深水灌溉，水层超过田8 cm时，分蘖间光照弱，氧气不足，温度又低，则会抑制水稻分蘖。另外，田块过干，当土壤持水量在70%以下时，水稻也会停止分蘖。

（4）营养要求：分蘖期的营养决定了水稻有效分蘖的数量。营养充足、丰富，可促进水稻分蘖，并使其生长快而多；营养缺乏，则会使分蘖减少或停止。分蘖期以施氮肥为主，配施磷钾肥。

3. 拔节孕穗期

拔节孕穗期是营养生长和生殖生长并进的时期。在这个时期，水稻生长发育并迅速增大，根群与叶面积均达到最大，同时稻穗开始分化。拔节孕穗期是决定每穗粒数的关键时期，也是每亩有效穗数的巩固时期与粒重的决定时期，主要受外界条件的影响。水稻拔节孕穗期对温度、光照、水分和营养的要求如下：

（1）温度要求：幼穗分化的适温为26 ℃～30 ℃，昼温35 ℃左右、夜温25 ℃左右的温差最有利于形成大穗。幼穗分化过程中对低温的敏感时期是花粉四分体和小孢子发育期。此期若遇17 ℃以下低温，花粉粒的正常发育就会受到影响，从而导致结实率大大降低。拔节孕穗期若遇35 ℃以上高温，花粉活性大大减弱，结实率也会受到影响。

（2）光照要求：光照强度与幼穗分化有密切的关系。光照充足，光合作用增强，有利于植株制造出足够的有机养分来满足穗分化的需求；光照不足，光合作用弱，则会造成枝梗和颖花显著减少或退化，增加不孕颖花，穗变小。

（3）水分要求：幼穗分化到抽穗是水稻一生需水最多的时期，尤其在花粉母细胞减数分裂期对水最敏感，所以在这一时期一定要保持田间持水量在90%以上。水分不足会导致小穗数减少，造成颖花退化和穗粒数减少；水层过深则会使稻秆基部柔软，后期容易倒伏。

（4）营养要求：幼穗分化过程中，水稻的根群不断增加，最后3片叶相继长出。此阶段是营养生长和生殖生长都需要养分的时期，如果在该时期缺乏营养，对幼穗分化会产生不利的影响。所以在生产上要求在抽穗前30~40 d（倒4叶期）追肥，以促进颖花分化和二次枝梗数增加，这期追肥称为"促花肥"；在抽穗前10~20 d（倒2叶期）可喷施肥一次，此时最需肥以防止颖花败育，确保粒多，这期追肥称为"保花肥"。

4. 抽穗结实期

在水稻抽穗结实期，营养生长基本停止，进入生殖生长阶段。这一时期的田间管理以保持粒多、粒重为重，管理上要使水稻不早衰、不贪青、不倒伏。

水稻抽穗是指水稻幼穗分化后1~2 d稻穗从剑叶叶鞘中抽出，有50%稻穗抽出时为抽穗期，有80%稻穗抽出时为齐穗期。抽穗时若遇低温或肥水不足，常造成稻穗不能全部抽出，生产上把这种现象称为"包穗"或"包颈"，被包住的这部分穗常不能结实，最后形成秕粒或空壳。杂交水稻抽穗时温度低于20 ℃，会造成100%产生"包穗"而无收成。

在正常情况下，稻穗抽出就能开花。开花前首先是颖壳内的两个浆片吸水，体积膨大3~5倍，吸足水后将外颖张开，内、外颖的角度约为25°~30°，张开过程约需10~20 min，全开后可维持30 min，所以整个开花过程约需1~2 h。温度对开花时间影响较大，高温下开花时间短，低温下开花时间长（有时可达2 h以上）。在内、外颖张开时，花丝伸出，花药开裂，花粉就散了出来，授粉在柱头上，授粉后约10~15 min花药即慢慢凋萎，同时浆水也因水分蒸发而体积缩小，内、外颖重新闭合。

水稻抽穗结实期对温度、光照、水分和营养的要求如下：

（1）温度要求：温度与灌浆结实关系密切，一般最适合灌浆的气温是20 ℃~22 ℃。在灌浆前15 d以昼温29 ℃、夜温19 ℃、日均温度24 ℃为宜，在灌浆后15 d以昼温20 ℃、夜温16 ℃、日均温度18 ℃为宜。适宜的灌浆温度下，积累营养物质的时间延长，细胞老化慢，呼吸消耗少，米质好。高温和低温都不利于水稻籽粒正常灌浆，会影响稻米品质。

（2）光照要求：光照强度和光照时间影响稻叶的光合作用和碳水化合物向谷粒的转运。高产水稻谷粒充实的物质，90%以上是抽穗后叶片光合作用制造的碳水化合物供给的，因此，灌浆期的光合作用将直接影响水稻的产量。

（3）水分要求：灌浆期是水稻对水较敏感的时期。灌浆初期应保持浅水层，以满足水稻对水分的需求；灌浆中期应采用间隙灌溉方法，保持田间湿润；灌浆后期应采用干湿交替、以干为主的灌溉方法，有利于提高根系活力、延长叶片寿命和防止倒伏，促进同化物运转和籽粒灌浆。

（4）营养要求：在灌浆期间，叶片含氮量与光合能力之间有密切关系，适当增施氮肥可增强叶片光合能力，维持最大叶面积指数，防止早衰，提高根系活力，对提高水稻产量作用很大，因此在生产上常用根外追肥（喷施叶面肥）的方法促进水稻后期生长。在齐穗期可看苗补肥，或补施磷钾肥等，以确保灌浆过程能正常进行。

二、水稻需肥特性

一般每生产稻谷和稻草各500 kg要吸收氮（N）6.7～15.8 kg、磷（以P_2O_5计）3.9～8.1 kg、钾（以K_2O计）9.2～26.7 kg，N、P_2O_5、K_2O之比约为1∶0.5∶1.5。这些数据未包括稻株根系外渗量和成熟前体内营养元素的淋失量，水稻吸肥总量应高于此值。同一产量水平下，水稻所吸收的氮、磷、钾养分相差很大，这与栽培地区的产量水平、品种类型、栽培条件等因素有关。

1. 水稻各生育期对养分的吸收规律

水稻对各种养分的吸收速度均在抽穗前达到最大值，以抽穗为分界线，其后有迅速降低的趋势。在各种养分中，氮、磷、钾的吸收速度最快，在抽穗前约20 d达到最大值；硅的吸收速度最慢，达到最大值最晚。水稻各生育期对养分的吸收因类型不同而有较大差别。江苏水稻一般在移栽后2～3个星期和7～9个星期形成两个养分吸收高峰。

水稻幼穗分化至抽穗期，养分吸收量均占吸收总量的一半以上。大穗型品种适当提高后期追肥量可使植株在生育后期维持较高的营养水平，确保叶片进行光合作用，使迟开的弱势花得到充足营养，提高结实率和粒重。

磷在稻株中移动性最强，约有4/5的磷可从老叶转移到新叶；氮次之，约有2/3的氮可从老叶转移到新叶；钾的移动性较弱，约有40%的钾可从老叶转移到新叶。因此，水稻在生长前期氮、磷供应充足，稻叶积累的氮、磷含量高，叶片衰老时，大部分养分转移到新器官中，因而后期氮、磷就不易缺乏。钾在稻株中的移动性比氮、磷弱，新器官获得的钾较少，可能导致钾不足，应注意后期钾肥合理配比，保证后期钾的供应。

水稻抽穗以后，叶片中的元素有一部分运转到谷粒中，但不同元素的运转量差异很大。氮、磷的运转率（指谷粒中养分量占谷粒及稻草养分总量的百分数）较高，分别达75%和85%左右；钾的运转率较低，仅为25%左右，因而稻秆中钾（K_2O）含量高。养分的运转率受灌浆期营养状况的影响。后期贪青时，氮的运转率明显降低，仅为40%~50%。杂交稻氮、磷运转率比常规稻低，分别为65%和70%左右；钾的运转率更低，只有15%左右，因此，更应注意后期钾的供应。

2. 氮、磷、钾对水稻产量的分期效应

分期效应是指在某一个生育阶段，水稻吸收的单位质量的养分（如氮、磷、钾）所能增加的稻谷产量。

氮对水稻产量的分期效应常有两个峰值：一个是在分蘖期，主要是促进分蘖，增加有效穗；另一个是在拔节孕穗期，主要是增加每穗粒数、结实率和粒重。第二个峰值出现与否与土壤中氮的丰缺有关。如果土壤中氮含量丰富，一般不出现第二个峰值，说明此时无追氮的必要；反之，土壤中氮含量不足，此时供氮则有良好效果。

磷对水稻产量的分期效应只有一个最高值，在移栽后2~4个星期出现，4个星期以后的效果明显下降。可见，水稻移栽后2~4个星期，尤其是第2个星期，是水稻需磷的关键时期。

钾对水稻产量的分期效应在生育初期高，之后下降，抽穗前又略有回升。

三、水稻需水特性

在水稻的种植管理过程中，各个生育期对水的需求量不同，可以通过大田排灌来满足水稻生长时期的需水量，达到"以水调肥、以气促根、以根促苗、以苗促穗，稳产高产"的目的。

1. 返青期

水稻大田插秧至返青期，需要有薄水层，但水不能太深，田块水层一般控制在2 cm左右，这样有利于降低秧苗叶片蒸腾作用，减轻叶枯现象，插秧时也容易保持株行距一致（图2-1）。

图 2-1 秧苗返青期田间水分管理示意图

图 2-2 够苗期田间水分管理示意图

2. 分蘖期

水稻分蘖期采用浅水与湿润灌溉相结合的方式。分蘖期间，稻田不能长期深灌，当稻田水深达 5 cm 时分蘖推迟，分蘖总数和有效分蘖数减少。水稻分蘖中期要适当保持露田湿润，可以有效促进根系生长。水稻分蘖末期田间禾苗封行，应及时晒田，主要作用是在够苗后控制无效分蘖，巩固有效分蘖，提高分蘖成穗率（图 2-2）。

3. 拔节孕穗至抽穗期

拔节孕穗至抽穗期是水稻一生中生理需水量最多的时期，也是耐旱性最弱的时期。此期如果缺水，幼穗发育将受害或受阻。此期田内水层管理应保持水深 2~3 cm 左右，灌好"养胎水"，防止干旱受害。抽穗开花期间遇高温热害天气，灌溉条件好的可采用田间灌"跑马水"的方式（边灌边排，保持稻田 10 cm 左右水层流动）以降低田间温度；受寒露风影响时可灌深水（10 cm 左右）保温。

4. 灌浆结实期

抽穗后水稻开花受精，籽粒开始灌浆，采取干干湿湿、干湿交替方式灌溉，增加土壤氧气，从而维持根的生理机能，同时也利于保持叶片的活力，延长叶片的功能期，促使光合产物向籽粒运转，增加粒重。水稻黄熟后，需水量减少，一般不再灌溉，保持土壤湿润，使籽粒能获得更多的养分，提高水稻的产量和质量。

四、影响产量形成的因素

水稻产量的基本构成因素是每亩穗数、每穗粒数（颖花数）、结实率和粒重。每亩产量 = 每亩穗数 × 每穗粒数 × 结实率 × 粒重。

由影响产量形成的因素分析得出，获得水稻高产的关键点如下：

（1）选择一个高产品种是第一关键因素。

（2）每亩穗数与单穗重（每穗粒数 × 结实率 × 粒重）的乘积越大，产量愈高。但实际上每亩穗数都有一个适宜范围，因而应注重水稻分蘖期管理以达到合适的有效穗数。

（3）决定产量高低的主要因素是每亩实粒数与粒重。同一品种的粒重比较稳定，所以每亩实粒数的多少直接决定产量的高低，而每穗粒数与结实率又影响每亩实粒数的多少。

提高有效穗数、结实率、粒重都能获得不同程度的增产，对构成产量的几个因素进行统筹兼顾，增产效果更为显著。

提高水稻有效穗数的技术措施：① 精准计算用种量，培育壮秧，提高成穗率及成大穗率。② 早追足分蘖肥，促分蘖提早而成穗。③ 及时晒田控苗。水稻在栽后 15~20 d 内的分蘖大多为有效穗，栽后 20~25 d（因水稻品种而异）应及时晒田，减少无效分蘖及不必要的养分消耗，促进养分集中供应而有效分蘖，促成大穗。④ 调节好幼穗分化发育期的碳氮平衡，促进分化发育，提高成穗率。

提高水稻结实率的技术措施：① 在拔节孕穗期加强水肥管理，尤其在拔节孕穗后，田间不能缺水，以避免高温缺水导致颖花退化。充足合理的肥料供应和碳氮平衡能保证穗发育的需求，确保花粉发育的正常进行，提高花粉活力。② 在孕穗至开花前喷施富含硼、钙、钾的叶面肥及生长调节剂，可提高花粉和柱头活力，促进花粉管萌发，提高授粉结实率。

提高水稻粒重的技术措施：水稻的粒重首先受品种本身决定，但管理措施不到位、水稻灌浆不饱满也会影响产量，增加空瘪粒。① 水稻偏施氮肥会导致贪青晚熟，植株体内游离氨基酸多，影响正常的生理代谢，且糖类的合成少，从而在灌浆期影响淀粉的积累，空瘪粒大大增加，所以水稻应合理施用氮肥。② 水稻勾头后，田间应干干湿湿交替灌溉，增强同化光合作用，以利糖分转化为淀粉，促进籽粒饱满。③ 叶面喷施钾肥2~3次，以加速代谢功能，促进糖分转化，进而促进籽粒饱满。

五、影响稻米食味品质的因素

好大米来源于好品种。稻米食味品质的形成除了受品种自身特性的影响外，还受产地环境、栽培及产后管理（收获、加工、储藏等）等外在因素的影响。

1. 品种自身特性

品种是决定稻米食味品质的首要条件。因此，应选择优质的稻米品种进行种植。稻米中含有70%左右的淀粉（包括直链淀粉和支链淀粉两类），还含有不到10%的蛋白质、14%左右的水分、少量油脂和矿物质等。直链淀粉含量是影响稻米食味品质最重要的因素。直链淀粉含量较低（10%~17%）时，稻米食味品质较好。近年来的研究表明，支链淀粉的含量及其链长比例也是影响稻米食味品质的重要因素。支链淀粉的短分支链比例较高，长分支链比例较低时，稻米食味品质较好。蛋白质含量对稻米食味品质的影响也很大。蛋白质含量较低（6%~7%）时，稻米食味品质较好。栽培上要尽量控制稻米品种的蛋白质含量在8%以下。脂肪含量、淀粉糊化温度也在一定程度上影响稻米食味品质。脂肪含量越高、糊化温度越低，稻米食味品质越好。近年来，江苏省培育了南粳系列、苏香粳系列、宁香粳9号、金香玉1号、泗稻301等优良食味粳稻品种，煮出的米饭具有柔、香、糯、甜的食味品质特性，受到长三角地区居民的喜爱。

2. 产地环境

产地环境包括土壤、温度、湿度、雨量、光照、空气等方面。优质大米的产地环境条件要求：土壤肥沃，有机质含量高，保水保肥性好；产地四季分明、温度适宜、光照充足、雨量充沛、大气无污染等。在水稻灌浆期，高温对稻米食味品质的影响较大。抽穗后30 d内最适宜的日平均温度在23 ℃左右，当日平均温度达到27 ℃以上时，稻米食味品质会降低。因此，根据当地的温光条件，选择适宜的优质品种，科学地确定适宜的播种、移栽时期，避免灌浆期高温，有利于水稻健康生育和优良食味品质的形成。土壤质地、有机质含量等土壤环境对稻米食味品质的影响也不可忽视。如果耕地一年四季不停耕、不养地，长时间超负荷耕种，就会带来耕地地力严重透支、土壤质量下降等严重问题。在这种没有地力的土壤中很难生长出真正健康的水稻，稻米食味品质难以得到保证。因此，近年来我国实行耕地轮作休耕制度，让耕地休养生息，提升耕地质量，有利于水稻健康群体及优良食味品质的形成。

3. 栽培及产后管理

（1）栽培。

影响水稻生长的栽培因素主要包括播种时间、栽插密度、种植方式、肥料运筹、水浆管理、病虫害防治等。

① 播种时间。

稻米品质受播种时间的影响，其实质是受温度的影响，特别是在灌浆期，温度对食味品质的影响较大。适期播种是保证稻米品质的前提。

水稻不同品种由于生育特性不同，适宜的播种时间也不同，必须根据品种生育特性和当地温、光、水条件，科学安排播种时间，确保灌浆结实在最适温度等气候条件下进行。过早或过迟播种均不利于食味品质的提高。

② 栽插密度。

栽插密度对稻米食味品质也有一定的影响。通过合理密植，使水稻群体结构处于合理的范围，能够充分利用光、温、肥、水、气等资源，保证个体的正常发育和群体的协调发展，促进水稻产量与品质的协同提高。栽插密度过大或过小均不利于稻米食味品质的提高。

在实际栽培过程中，应根据品种特性、秧苗素质、土壤状况和栽培目标等因素有针对性地选择栽插密度（图2-3）。

③ 种植方式。

水稻目前主要的种植方式有手栽、钵苗机插（图2-4）、毯苗机插（图2-5）、抛栽、直播等。多数研究表明，同一品种在同一地区种植，手栽稻的食味品质最好，其次是钵苗机插稻，毯苗机插稻次之，有序抛栽稻又优于直播稻，直播稻的食味品质最差。

图 2-3　机插秧密度

图 2-4　钵苗机插

图 2-5　毯苗机插

④ 肥料运筹。

水稻生长过程中需要的肥料主要含氮、磷、钾、硅四大元素及少量的微量元素。其中，氮肥对稻米食味品质影响较大，其次是钾肥、磷肥和硅肥。氮元素供应量主要影响稻米的蛋白质含量。在一定范围内氮肥施用量越多，蛋白质含量越高，稻米食味品质越差。

此外，肥料种类、施肥时期和施肥方式（图2-6）对稻米食味品质也有较大影响。有机肥料可以缓慢释放出多种营养元素，满足水稻在不同生育阶段的需求，提高稻米食味品质。

图2-6　机械施肥

在栽培过程中要合理施肥，优化氮、磷、钾、硅等多种元素的比例，少施氮肥，多施有机肥，增施钾肥和锌肥，补施硅肥，特别是后期应尽量少施或不施氮肥，有利于水稻健康群体的形成和病虫害防治。

⑤ 水浆管理。

不同生育期水浆管理不善，都会影响水稻的生长发育。例如，中期水浆管理不科学，烤田不到位，会影响根系发育，从而影响产量，降低品质。灌浆结实期是稻米品质形成的关键时期，这段时间的水浆管理对稻米品质影响较大。

水稻生长中后期湿润灌溉、干湿交替可以有效提升稻米加工品质和外观品质。另外，收获前断水不能过早，一般在收获前一周断水。图2-7为水稻高质高效节水灌溉模式图。

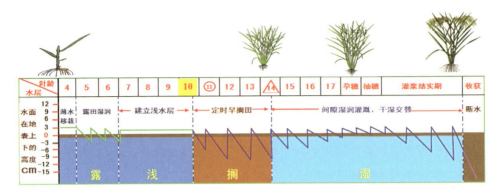

图 2-7　水稻高质高效节水灌溉模式图

⑥ 病虫害防治。

水稻病虫害不仅会对水稻产量造成严重影响，还会影响稻米的外观和食味品质。因此，在水稻种植过程中必须加强对病虫害的绿色生态防控（图 2-8、图 2-9）。

图 2-8　采用自走式打药机进行水稻植保

图 2-9　无人机植保

（2）产后管理。

产后管理包括收获、烘干、加工、包装、储藏等。水稻收获时间对食味品质的影响较大，收获过早和过迟都不利于优良食味品质的形成。对稻谷进行干燥处理时要采用低温烘干方式，稻谷温度不能超过 38 ℃；温度过高，稻谷水分流失快，米粒易爆腰，煮饭时米粒易裂开，影响食味品质。加工时要优选加工机械和加工方法。稻谷含水量保持在 15%～17% 时加工的稻米具有良好的食味品质。此外，为防止稻谷或稻米发生老化、霉变及营养成分流失，应采用密封性好的材料封装，并在低温下储存，从而更持久地保持稻米的食味品质。

六、优良食味水稻品种

1. 南粳 46

南粳 46（图 2-10）属中熟晚粳稻品种。株高 110 cm 左右，株型紧凑，分蘖性中等偏强，穗型较大，为直立型穗。穗长 15 cm 左右，每穗粒数 140～150，结实率 90% 以上，千粒重 25～26 g。植株生长清秀，灌浆速度快，熟相较好。抗条纹叶枯病，中抗白叶枯病，感穗颈瘟和纹枯病。全生育期 165 d 左右，较对照武运粳 7 号迟熟 4～5 d。米质理化指标：整精米率 66.8%，垩白粒率 20.0%，垩白度 2.4%，胶稠度 83.0 mm，直链淀粉含量 15.0%，达到国标二级优质稻谷标准。软米，有香味，食味品质佳。该品种适宜在江苏苏南地区和上海市中上等肥力条件下种植。

图 2-10　南粳 46

2. 苏香粳 100

苏香粳 100（图 2-11）属中熟晚粳稻品种。株高 108.8 cm 左右，株型紧凑，长势旺，穗型较大，分蘖力较强，叶色淡绿，灌浆速度快，熟相好，抗倒性一般。每亩有效穗数 21.7 万左右，每穗粒数 120.4 左右，结实率 94.8% 左右，千粒重 28.1 g 左右。全生育期 164.6 d，较对照武运粳 7 号迟熟 3.5 d。中抗白叶枯病，抗条纹叶枯病，感穗颈瘟、纹枯病。米质理化指标：出糙率 85.3%，精米率 74.7%，整精米率 66.5%，粒长 5.0 mm，长宽比 1.7，垩白粒率 58%，垩白度 5.2%，碱消值 6.7 级，胶稠度 95 mm，直链淀粉含量 9.9%，透明度 1 级。软米，有香味，食味品质佳。该品种适宜在江苏苏南、沿江和上海、浙江地区种植。

3. 宁香粳 9 号

宁香粳 9 号（图 2-12）属早熟晚粳稻品种。幼苗矮壮，叶色中绿，分蘖力中等偏上，株型紧凑，株高适中（98.7 cm 左右），茎秆较粗壮，抗倒性强。群体整齐度好，穗层整齐，穗型较大，叶姿挺，后期转色好，秆青籽黄。每亩有效穗数 20.4 万左右，每穗粒数 145.0 左右，结实率 90.9% 左右，千粒重 26.3 g 左右。全生育期 152.4 d，较对照常农粳 8 号短 4.3 d。穗颈瘟损失率 5 级，稻瘟病综合抗性指数 5.0，中感稻瘟病、白叶枯病、条纹叶枯病，感纹枯病。米质理化指标：整精米率 70.9%，垩白粒率 25.0%，垩白度 5.6%，胶稠度 88 mm，直链淀粉含量 11.8%，长宽比 1.8。软米，有香味，食味品质佳。该品种适宜在江苏沿江及苏南地区种植。

图 2-11　苏香粳 100

图 2-12　宁香粳 9 号

4. 南粳 9108

南粳 9108（图 2-13）属迟熟中粳稻品种，2015 年被评为农业部超级稻品种。株高 96.4 cm 左右，株型较紧凑，长势较旺，分蘖力较强，叶色淡绿，叶姿较挺，抗倒性较强，后期熟相好。每亩有效穗数 21.2 万左右，每穗粒数 125.5 左右，结实率 94.2% 左右，千粒重 26.4 g 左右。全生育期 153 d。感穗颈瘟，中感白叶枯病，高感纹枯病，抗条纹叶枯病。米质理化指标：整精米率 71.4%，垩白粒率 10.0%，垩白度 3.1%，胶稠度 90 mm，直链淀粉含量 14.5%，属半糯类型，为优质食味品种。该品种适宜在江苏苏中及宁镇扬丘陵地区种植。

图 2-13　南粳 9108

5. 金香玉 1 号

金香玉 1 号（图 2-14）属迟熟中粳稻品种。幼苗矮壮，叶色中绿，分蘖力较强，株高 96.4 cm 左右，株型集散适中，茎秆较粗壮，抗倒性强，群体整齐度好，穗层整齐，穗型较大，叶姿挺，谷粒饱满，后期转色好，秆青籽黄。每亩有效穗数 23.0 万左右，每穗粒数 136.8 左右，结实率 90.6% 左右，千粒重 26.3 g 左右。全生育期 148.8 d，较对照淮稻 5 号短 2.4 d。穗颈瘟损失率 5 级，稻瘟病综合抗性指数 5.0，中感稻瘟病、白叶枯病和条纹叶枯病，感纹枯病。米质理化指标：整精米率 72.7%，垩白粒率 18%，垩白度 5.2%，胶稠度 80 mm，直链淀粉含量 11.7%，长宽比 1.6，属软米品种，稻米有香味。该品种适宜在江苏苏中及宁镇扬丘陵地区种植。

图 2-14　金香玉 1 号

6. 泗稻 301

泗稻 301（图 2-15）属迟熟中粳稻品种。幼苗矮壮，叶色绿，分蘖力中等。株高 99.9 cm 左右，株型紧凑，茎秆较粗壮，抗倒性强。群体整齐度好，穗层整齐，穗型较大，叶姿挺，谷粒饱满，后期转色好。每亩有效穗数 22.9 万左右，每穗粒数 122.8 左右，结实率 91.6% 左右，千粒重 27.8 g 左右。全生育期 151.7 d，与对照淮稻 5 号相当。穗颈瘟损失率 5 级，稻瘟病综合抗性指数 5.0，中感稻瘟病，感白叶枯病、纹枯病。米质理化指标：整精米率 74.8%，垩白粒率 16.0%，垩白度 1.8%，胶稠度 70 mm，直链淀粉含量 16.7%，长宽比 2.0，达到农业行业《食用稻品种品质》标准二级。该品种适宜在江苏苏中及宁镇扬丘陵地区种植。

7. 苏香粳 3 号

苏香粳 3 号（图 2-16）属中熟中粳稻品种，成熟期早，苏州及周边地区 5 月 15～20 日播种，8 月 15～20 日齐穗，国庆前可上市，有"国庆稻"之称。该品种抗性较好，产量较高，稻米适口性好，蒸煮米粒软、糯且带有香味，有"软香粳"之称。株型紧凑，分蘖力较强，穗型一般，叶色深绿。群体整齐度较好，灌浆速度快，后期熟相好，抗倒性较强。每亩有效穗数 23～25 万，穗直立略弯，叶盖顶 10 cm 左右，穗长 14～16 cm，每穗粒数 100～110，结实率达 90% 以上，千粒重 21 g 左右。全生育期 132 d，较对照越光迟熟 10 d。中抗白叶枯病、穗颈瘟，中感纹枯病、条纹叶枯病。米质理化指标：整精米率

71.0%，垩白粒率6%，垩白度1.6%，胶稠度76 mm，直链淀粉含量9.6%，蛋白质含量10.9%。该品种适宜在江苏苏南及沿江地区种植。

图2-15 泗稻301

图2-16 苏香粳3号

8. 南粳 2728

南粳 2728（图 2-17）属中熟中粳稻品种。株高 101 cm 左右，株型比较紧凑，穗型中等，叶片呈绿色，生长比较迅速，分蘖力比较强，成穗率比较高。群体生长比较整齐，抗倒性较强，后期熟相好。每亩有效穗数 23.8 万左右，每穗粒数 112 左右，结实率 93% 左右，千粒重 27 g 左右。全生育期 150 d，与对照徐稻 3 号相当。稻瘟病损失率 5 级，稻瘟病综合抗性指数 4.5，中感条纹叶枯病、白叶枯病，感纹枯病。米质理化指标：整精米率 69.7%，垩白粒率 20%，垩白度 4.9%，直链淀粉含量 10.5%，胶稠度 90 mm，米质比较优等。该品种适宜在江苏淮北及黄淮海地区种植。

图 2-17　南粳 2728

9. 苏粳 1180

（1）特征特性。

苏粳 1180（图 2-18）属早熟晚粳稻品种。株高 94.3 cm 左右，株型紧凑，叶色中绿，叶姿挺，分蘖性中等偏上，结实率高，后期秆青籽黄，熟色好，抗倒性强。每亩有效穗数 21.8 万左右，每穗粒数 125 左右，结实率 94.5% 左右，千粒重 26.2 g 左右。全生育期 158 d，较对照武运粳 23 号短 2.2 d。中感稻瘟病，中抗白叶枯病、稻曲病，高抗条纹叶枯病，感纹枯病。米质理化指标：整精米率 73.8%，垩白粒率 50.0%，垩白度 14.2%，胶稠度 88 mm，直链淀粉含量 9.4%，长宽比 1.6，属于半糯类型，为优良食味品种。2020—2021 年区试平均亩产 707.6 kg，比对照武运粳 23 号增产 4.3%；2022 年生产试验平均亩产 701.8 kg，比对照武运粳 23 号增产 5.1%。该品种适宜在江苏沿江及苏南地区种植。

（2）栽培技术要点。

① 适期播种，培育壮秧。机插秧宜在 5 月 20~25 日播种，每亩用种量

3~4 kg。

② 适时移栽，合理密植。机插秧一般6月上中旬移栽，秧龄控制在18~20 d，每亩大田栽插1.8万穴，基本苗6~8万。

③ 科学肥水管理。一般亩施纯氮18 kg左右，肥料运筹上采取"前重、中控、后补"的施肥原则，基蘖肥与穗肥比例以7∶3左右为宜。早施分蘖肥，拔节期稳施氮肥，后期重施保花肥。水浆管理方面，做到浅水栽插，寸水活棵，薄水分蘖，适当露田；当亩总茎蘖数达20万时分次适度搁田，后期间隙灌溉，干干湿湿强秆壮根，收割前一周断水。

④ 病虫害防治。播前用药剂浸种防治恶苗病和干尖线虫病等种传病虫害，秧田期和大田期注意灰飞虱、稻蓟马的防治，中、后期要综合防治纹枯病、螟虫、稻飞虱、稻曲病、稻瘟病等。

图2-18　苏粳1180

第二节 羊肚菌的营养价值与生长特性

羊肚菌为子囊菌亚门（*Ascomycotina*）、盘菌纲（*Pezizomycetes*）、盘菌目（*Pezizales*）羊肚菌科（*Morchellaceae*）、羊肚菌属（*Morchella*）真菌，因子实体菌盖呈圆锥形或椭圆形，且表面凹凸不平呈蜂窝状，外形与羊肚颇为相似而得名。羊肚菌是一种食药兼用菌，其含有丰富的氨基酸、维生素、脂肪酸等营养物质，因质嫩鲜美而深受人们喜爱。在欧洲、北美洲，羊肚菌被认为是优质食用菌。《本草纲目》中记载了羊肚菌具有"甘寒无毒，益肠胃，化痰理气"的功效。近年来，随着人民生活水平的提高，羊肚菌消费群体日益增加，羊肚菌市场潜力巨大。

一、羊肚菌的营养价值与药用功能

1. 羊肚菌的营养价值

（1）蛋白质及氨基酸：

羊肚菌中粗蛋白平均含量为21.35%，不同产区及不同品种间含量差异较大，含量范围为7.87%～38.11%，这与品种、生育期及产地土壤状况有关。不同产地的羊肚菌产品间总氨基酸含量略有差异，但差异不大，含量范围为16.19%～19.16%。羊肚菌中含有7种人体必需氨基酸，必需氨基酸/非必需氨基酸的比值达到0.54～0.61。谷氨酸是氨基酸类鲜味物质，所有品类羊肚菌中谷氨酸含量均很高，远超过其他氨基酸含量，占到氨基酸总量的25.20%～29.19%，这是羊肚菌味道鲜美的原因之一。羊肚菌中的几种稀有氨基酸，如顺-3-氨基-L-脯氨酸、α-氨基异丁酸和2,4-二氨基异丁酸等，也决定了羊肚菌的独有风味。但目前对羊肚菌的研究报道并不全面，特别是野生羊肚菌，对有些产区羊肚菌的研究尚属空白。羊肚菌中蛋白质及氨基酸的营养价值还有待于进一步的研究探索。

（2）维生素：

维生素是维持身体健康所必需的一类有机化合物，在物质代谢中起着重要作用。羊肚菌中的维生素不仅含量丰富，而且种类较多。例如，尖顶羊肚菌中含有3种胡萝卜素（δ-胡萝卜素、ζ-胡萝卜素和γ-胡萝卜素）和5种叶黄素（角黄素、虾青素、玉米黄质、链孢红素和红盘菌黄素）。每100 g粗柄羊肚菌中含维生素B_1 3.92 mg、维生素B_2 24.60 mg、吡哆醇5.90 mg、生物素0.75 mg、叶酸3.48 mg、烟酸82.00 mg、泛酸8.27 mg、维生素B_{12} 0.004 mg。

（3）脂肪酸：

脂类是机体的重要组成成分。羊肚菌中脂肪酸含量为1.36%～7.1%。科研人员应用吸收色谱和质谱对羊肚菌菌丝体中脂肪酸的组成进行了研究。研究发现，羊肚菌中主要脂肪酸有亚油酸（52.8%）、油酸（23.6%）、棕榈酸（14.1%）、硬脂酸（5.4%）、十七烷酸（0.4%）。羊肚菌中不饱和脂肪酸含量较高，这也是其具有降血脂、抗衰老、消除自由基功效的主要原因。

（4）矿物质元素：

羊肚菌中含有丰富的硒，可以有效增强维生素E的抗氧化作用。硒是人体必需的微量元素，为人体红细胞谷胱甘肽过氧化酶（GSH-Px）的组成成分。另外，羊肚菌中还含有大量的有机锗及人体必需的矿物质元素。

2. 羊肚菌的药用功能

由于羊肚菌具有多种活性成分，其在提高机体免疫力、抗肿瘤、抗氧化、降血脂、预防动脉粥样硬化、保肝护肝、保护胃黏膜及抗疲劳等方面具有显著的功效。

（1）多糖：

多糖是食用菌中一种重要的活性成分。羊肚菌多糖是从羊肚菌中提取出来的水溶性多糖。根据相关研究报道，羊肚菌多糖可有效促进免疫细胞增殖，同时也能显著促进巨噬细胞的吞噬功能，从而起到增强免疫的作用。此外，羊肚菌多糖对人肺癌细胞具有一定的抑制作用。相关实验表明，羊肚菌多糖可显著提高荷瘤小鼠的T淋巴细胞百分率、脾脏指数和巨噬细胞吞噬率，表明羊肚菌多糖具有提高免疫力和抗肿瘤功能。此外，羊肚菌多糖可以使血清总胆固醇、低密度脂蛋白胆固醇、甘油三酯水平下降，具有降低血脂和缓解动脉粥样硬化的作用。

（2）多酚：

多酚是一种在保持健康方面具有潜在功能的化合物，大部分食用菌中均含有多酚。羊肚菌中的多酚化合物是其主要活性成分之一，具有抗氧化的功效。羊肚菌清除自由基能力与其多酚含量高度相关。羊肚菌中多酚含量较高，其抗氧化能力和还原能力较强。科研人员通过尖顶羊肚菌提取酚类物质测定多酚的组分及抗氧化活性，结果表明，不同产地尖顶羊肚菌的多酚中均含有酚酸和黄酮，但含量差异较大；不同产地的尖顶羊肚菌中多酚分别表现出对 DPPH 自由基和 ABTS 自由基的较强清除能力，具有较强的抗氧化活性。

（3）三萜类物质：

三萜类物质大多存在于植物中，存在状态一般为游离形式，也可与糖结合成苷或酯的形式，具有多方面的生物活性，因此在医学上应用广泛。但多数植物体内的三萜类物质含量较低，扩大化生产困难。研究发现，食用菌中的三萜类物质具有良好的抗氧化和抗肿瘤等生理功能。羊肚菌中的三萜类物质具有较高的抗氧化活性和较强的抗氧化能力，同时也能显著抑制人的肝癌 HepG-2 细胞、宫颈癌 HeLa 细胞、结肠癌 HT-29 细胞和前列腺癌 PC-3 细胞的增殖生长。

二、羊肚菌生长发育特性

1. 羊肚菌生活史

羊肚菌生活史，即从孢子到孢子的发育全过程，包括有性生殖、无性生殖、菌核形成。子实体或子囊果的产生是羊肚菌有性生活周期成熟的表现，子囊果是生活周期的终极。其显著特征是两个单倍体核配对后形成双倍体核，再经减数分裂形成新的单倍体子囊孢子，孢子萌发形成菌丝。子囊孢子萌发很快，菌丝生长速度很快，可以在短时间内蔓延一大片。无性生殖过程是由菌丝形成孢子囊梗，在顶端发育子囊，囊内产出分生孢子。孢子囊成熟后散出分生孢子，遇到适宜环境又萌发产生单倍体核的新菌丝。此外，在某些条件下，营养菌丝或异核菌丝可直接形成菌核。从子囊孢子到子实体长出子囊孢子的过程为有性循环，从单核菌丝到粉孢子和从粉孢子到单核菌丝的过程为无性小循环。羊肚菌的整个生活史见图 2-19。

2. 羊肚菌生长习性

羊肚菌属于低温高湿型真菌，一般来说多发于阔叶林或针阔混交林的腐殖质层上。腐殖质层富含有机

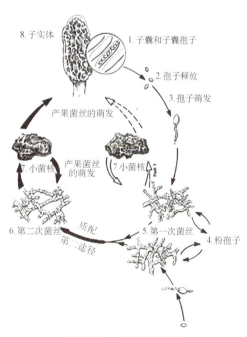

图 2-19　羊肚菌生活史

质和其他多种营养成分，是羊肚菌理想的天然固体培养基。羊肚菌喜爱弱碱性土壤，多在石灰岩、白垩质土壤中分布，在堆过燃煤、烧过木炭等富含钾、钙、磷的场所生长也较多。羊肚菌亚种及野生羊肚菌主要分布于亚洲、欧洲、北美洲，如中国、印度、法国、德国、美国等国家。我国的羊肚菌资源丰富，主要分布于新疆、云南、甘肃、河南、陕西、四川等地。不同地区所分布的羊肚菌种属存在一定差异，这与其所处的特殊自然环境有关。

3. 羊肚菌生长营养特性

碳源、氮源、矿质元素及维生素等都对羊肚菌菌丝体的生长表现出一定作用。合理的碳源和氮源并保持合理的碳氮比是微生物（包括羊肚菌）正常生长的必要条件。适合羊肚菌菌丝体生长的碳源有淀粉、蔗糖、葡萄糖、果糖、麦芽糖、乳糖、纤维素、木质素、多糖等。碳源种类与浓度对菌丝体生长的影响程度不同。适合羊肚菌菌丝体生长的氮源包括有机氮源与无机氮源。有机氮源中的蛋白胨、酵母粉、牛肉膏、玉米粉、黄豆粉、麸皮等均利于羊肚菌菌丝体的生长。羊肚菌的生长还需要一定的无机盐类，如磷酸二氢钾、硫酸镁、硫酸锌等。适量的 Zn、Cu、Se 等微量元素对羊肚菌菌丝体的生长也有积极作用，这些微量元素中的某些元素间还表现出协同作用。

此外，维生素 B_1、维生素 B_2、维生素 B_6、维生素 H、叶酸对羊肚菌菌丝生长有明显的促进作用（尤其是维生素 B_1）。

三、羊肚菌对生长环境的要求

羊肚菌对生长环境（土壤、温度、湿度、光照、空气等）的要求如下：

1. 土壤

羊肚菌既是一种腐生菌，又是一种土生菌，选择土质疏松、利水透气、有机质丰富的砂壤土或泥炭土栽培最为合适。菌丝在羊肚菌生长培养基或 pH 为 6.0～8.0 的土壤上均可生长。羊肚菌在稻田、旱地、果树林等处均可种植（平整的土地最佳），避免在黏性重、透气性差、土壤贫瘠的土壤上栽培。

2. 温度

羊肚菌属于低温型菌类。羊肚菌菌丝在 0 ℃～25 ℃下均可正常生长，最适温度为 17 ℃～20 ℃，温度过高或过低均不利于菌丝生长。高温下菌丝生长虽快，但菌丝稀疏易老化，且不利于后期子实体的生长。也有研究认为，在菌丝生长初期，如果给予少量的低温刺激，对后期子实体的产生是有利的。一般生产中，在其生长初期，当地温高于 0 ℃～2 ℃时，地下菌丝体就开始生长；当环境温度为15 ℃～18 ℃、土壤温度为6 ℃～9 ℃时，菌丝组织分化形成原基，之后羊肚菌伸出土壤表面快速生长。子实体发生期的适宜气温为8 ℃～23 ℃，最适气温为10 ℃～16 ℃。3～4月羊肚菌开始出菇，最适气温为20 ℃。这一阶段气温不宜超过25 ℃，否则此时菌丝会快速生长，菌苔层较薄，极易老化；如果气温在28 ℃以上，则会导致菌丝的日生长速度有所减缓，最后停止生长。此外，昼夜温差大有利于子实体的形成。

3. 湿度（水分）

羊肚菌生长所需水分主要从土壤和空气中获取。羊肚菌生长达到一定积温后，提高羊肚菌土壤湿度可促使原基萌发。菌丝生长期主要控制地膜下土壤含水量在40%左右，土表发白时适当补水，对空气湿度不做要求。原基萌发期，即畦面出现少量原基、气温稳定回升至8 ℃～12 ℃时，移走营养袋，提高土壤湿度以促进原基萌发。原基萌发期需按土壤类型实施对应水分管理措施，壤土、砂土以畦沟少量积水，2～3 h后及时排掉畦沟积水为宜；黏土或重壤土以适当降低催菇水用量，提高畦床土壤湿度为宜，畦沟内不可有积水。子实体膨大期以空气湿度≥80%为宜。

4. 光照

羊肚菌适宜在光线微弱的环境下生活。菌丝体生长期无须光照，光照太强会阻碍菌丝生长。出菇期应该保证明亮的散射光照射，忌强光直射，子实体朝光线方向弯曲生长；当光照强度为600～900 lx时，子实体生长较快且菇体质量高。相关研究表明，一定条件下随着光照强度的增加，菌丝颜色逐渐加深，菌核数量也有所增加。因此，微光条件有利于羊肚菌菌丝生长，光暗交替对羊肚菌菌丝的生长也有一定益处。

5. 空气

羊肚菌属于好氧性真菌。其在菌丝生长阶段对通氧量无明显反应，在子实体发生时则需供氧充足，在通风不良处很少有子实体发生。设施条件下，羊肚菌营养生长阶段可通过畦面地膜打孔使膜下与外界空气适度交换，从而保证菌丝正常生长；羊肚菌在子实体生长阶段需氧量增加，需通过适时通风提高设施内氧气浓度，促进原基发生、分化与子实体生长，生产上控制CO_2浓度在菌丝生长期和原基萌发期≤800 ppm，子实体膨大期≤600 ppm。

四、羊肚菌主栽品种

羊肚菌资源丰富，全世界羊肚菌属种约有40种，我国已报道的约有20

种，如小顶羊肚菌、尖顶羊肚菌、粗柄羊肚菌、肋脉羊肚菌、小羊肚菌、普通羊肚菌、宽圆羊肚菌、高羊肚菌、六妹羊肚菌、半开羊肚菌、硬羊肚菌、紫褐羊肚菌、梯棱羊肚菌等。羊肚菌各品种之间的子实体形态各有差异，目前国内栽培的物种主要是六妹羊肚菌（*Morchella sextelata*）、梯棱羊肚菌（*Morchella importuna*）、粗柄羊肚菌（*Morchella crassipes*）。常见可食用的羊肚菌形态特征如下：

1. 六妹羊肚菌

六妹羊肚菌（图2-20）因在系统发育学分析中种编号为 *Mel-6* 而得名。六妹羊肚菌子囊果高 4.0～10.5 cm，菌盖长 2.5～7.5 cm，最宽处 2.0～5.0 cm，圆锥形至宽圆锥形；竖直方向上有 12～20 条脊，很多是比较短的，具次生脊和下沉的横脊；菌柄与菌盖连接处凹陷深 2～4 mm、宽 2～4 mm。脊光滑无毛或具轻微绒毛；幼嫩时脊呈苍白色，随着子囊果成熟颜色加深，呈棕灰色至近黑色；幼嫩时脊呈钝圆扁平状，成熟时变得锐利或呈侵蚀状。菌柄长 2.0～5.0 cm，宽 1.0～2.2 cm，通常呈圆柱状，有时基部似棒状，光滑或有轻微的白色粉状颗粒物，肉质白色，中空，厚 1～2 mm，基部有时有凹陷腔室。六妹羊肚菌为江苏地区主栽品种。

图2-20　六妹羊肚菌

2. 梯棱羊肚菌

梯棱羊肚菌（图2-21）与六妹羊肚菌同属于黑色羊肚菌类群，因菌盖表面从上至下具明显的脊，垂脊垂直于地面，横脊与地面平行，形似梯子而得名。梯棱羊肚菌子实体单生或群生，少数簇生，总高度 6～20 cm。菌盖呈圆锥状、卵圆形，长 3～15 cm，宽 2～9 cm。菌盖表面有显著的凹坑和脊，每个菌盖有 12～20 条垂直于地面的垂脊，成熟子实体的相邻垂脊间距为 5～15 mm，梯格的间距为 2～

图2-21　梯棱羊肚菌

5 mm，凹坑深 5～10 mm。脊表面平滑、细软、易碎，老后变尖锐；幼嫩时色淡，呈暗灰色，成熟时呈深灰棕色至近黑色。菌肉白色，厚 1～3 mm，肉质、内壁有白色细粉状颗粒。菌柄直接与菌盖边连接，高 3～10 cm，直径 2～6 cm，白色至淡褐色，中空，表面光滑或具白色细粉状颗粒。成熟的菌柄基部有纵向脊和槽，往往有几个空洞。该品种分布于四川、云南、鄂西南地区。

3. 粗柄羊肚菌

粗柄羊肚菌（图2-22）又名粗腿羊肚菌、皱柄羊肚菌。其子实体单生或群生，菌盖近卵圆形，高4～7 cm，宽4～5 cm；棱纹窄，色较深，纵向排列，由横脉相连接。菌柄粗壮，基部膨大，稍显凹槽，长4～6 cm，粗3～4 cm，奶油色，中空；子囊孢子呈椭圆形，透明无色。该品种分布于山西、河南、陕西、云南等地区。

图2-22　粗柄羊肚菌

五、羊肚菌菌种和营养转化袋制备技术

1. 母种制作

（1）母种培养基配方：

① 黄豆芽500 g（煮汁），白糖20 g，琼脂20 g，羊肚菌基脚50 g，水1 L。

② 黄豆芽500 g（煮汁），白糖20 g，琼脂20 g，水1 L。

③ 栎木屑500 g（煮汁），白糖20 g，琼脂20 g，水1 L。

④ 马铃薯200 g（煮汁），白糖20 g，琼脂20 g，蛋白胨0.5 g，牛肉膏0.5 g，水1 L。

⑤ 蛋白胨1 g，葡萄糖20 g，琼脂20 g，酵母膏1 g，磷酸二氢钾1 g，硫酸镁1 g，维生素B_1 1 g，水1 L。

（2）母种培养基的制备：

在上述配方中任选一组进行母种培养基的制备。以配方①为例，将黄豆芽加1 L水煮30 min，过滤取汁，加水补足1 L，加入其他原料，煮至溶化后，分装于18 mm×180 mm或20 mm×200 mm试管中（加至试管1/5处），塞上棉塞，使用高压灭菌锅彻底灭菌，在0.11～0.12 MPa、约121 ℃下灭菌30 min，自然冷却至指针回到原位才可打开，放成斜面备用。

（3）母种选择：

母种应从有相应资质的供种单位购买。应选择抗逆性强、抗杂菌力强、优质高产、适合当地栽培的优良母种。

（4）转接：

培养基需待表面余水干后才能使用，否则会被细菌污染。接种应在无菌条件下进行，将第一代母种挑取绿豆大一块带菌丝的培养基，放入空白培养基上，每支母种可接30～40支。母种不能多接或多扩，否则会影响子实体生长。

(5)培养:

接种后放在18 ℃～22 ℃下避光培养,2～3 d后菌丝萌发,5～7 d可长满斜面培养基。若不及时使用,则应放入冰箱在0 ℃～4 ℃下保存,时间最长不超过半年。羊肚菌母种的菌丝应洁白粗壮,无杂菌污染,菌核呈淡黄色至黄褐色(图2-23)。

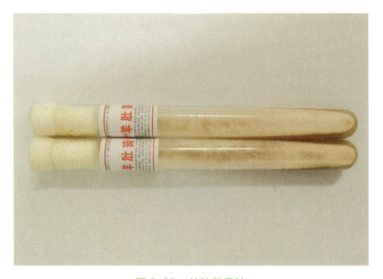

图2-23　羊肚菌母种

2. 原种生产

(1)原种培养基配方:

① 木屑55%,麸皮11%,小麦18%,石灰1%,石膏2%,土13%。

② 木屑62%,小麦23%,石灰1%,石膏2%,土12%。

③ 木屑50%,棉籽壳30%,麦麸15%,白糖1%,石膏1%,过磷酸钙1%,土2%。

④ 木屑75%,米糠或麦麸20%,白糖1%,石膏1%,过磷酸钙1%,土2%。

⑤ 稻草粉70%,麦麸25%,石膏1.5%,过磷酸钙1.5%,土2%。

⑥ 棉籽壳90%,木屑8%,土2%。

⑦ 玉米芯50%,木屑30%,米糠15%,石膏1%,过磷酸钙1%,土3%。

⑧ 小麦35%,木屑46%,石膏2%,石灰1.6%,磷酸二氢钾0.4%,土15%。

木屑为阔叶树硬杂木粗木屑,颗粒大小在0.5 cm×0.8 cm左右,提前三个月堆放腐熟;土为植物枝叶在土壤中经过微生物分解发酵后形成的营养土或草炭土；小麦要求新鲜无霉变、无虫害，颗粒饱满。

（2）原种培养基的制备：

在上述配方中任选一种进行原种培养基的制备。以配方①为例，小麦先用1%的石灰水浸泡12 h，捞出后加水煮沸，水沸腾后再煮15 min左右，同时搅拌，当麦粒保持完整，捏开后里面没有"白芯"时捞出，稍控水，与木屑拌匀，加入配方中其他原料，搅拌均匀。使用水分速测仪测定其含水量，要求含水量达到60%～65%，pH在6.5～7.5之间。

（3）装瓶（袋）：

选择规格为500 mL或700 mL的瓶子或（12～14 cm）×（24～28 cm）×（0.004～0.006 cm）的高压聚丙烯塑料菌袋。当天拌好的料应当天装完，装好的瓶或袋要做到上紧下松，料面平整并打孔。瓶口用封口膜封口，袋口可用无棉盖体封口。

（4）灭菌：

进行高压或常压灭菌。木屑培养基、草料培养基和棉籽壳培养基要求在0.14～0.15 MPa下灭菌1 h，谷粒培养基要求在0.14～0.15 MPa下灭菌2.5 h。常压灭菌时要求在4 h内达到100 ℃，并维持10～12 h。灭菌时间不能过长，压力不能过高，否则会破坏其中的养分。灭菌后，待瓶内温度降至25 ℃以下时才能接种。

（5）接种：

首先把冷却好的菌瓶（袋）、接种工具一起运到接种室。接种人员要注意清洁卫生，穿戴经消毒的工作服、工作帽、口罩，按无菌操作要求，手部和试管菌种表面应用75%酒精消毒，按无菌操作规程将母种接到菌瓶（袋）内。每支母种可接种原种5～10瓶。

（6）培养：

接种后将菌瓶（袋）放在18 ℃～22 ℃下避光培养，3 d后菌丝萌发吃料，15～20 d后菌丝长满菌瓶（袋）底；当菌丝长满菌瓶（袋）后，降低温度到15 ℃～20 ℃，继续培养3～5 d。培养室内相对湿度控制在45%～55%；培养室全程避光管理；保持发菌室通风良好，每天通风1～2次，每次25～30 min。培养期间尽量避免强光刺激，菌龄以不超过50 d为好。菌丝寿命与温度有关，温度超过30 ℃时菌丝几小时就会死亡。

菌瓶（袋）培养成熟特征：菌丝长满整个菌瓶（袋），菌丝粗壮、浓密，菌瓶（袋）表面出现部分红褐色菌核；打开菌瓶（袋），其菌丝部呈浅黄色或米黄色，手指重压有弹性（图2-24）。

图 2-24　羊肚菌原种

3. 栽培种制作

（1）栽培种培养基配方：

① 木屑 75%，米糠或麦麸 20%，白糖 1%，石膏 1%，过磷酸钙 1%，腐殖土 2%。

② 木屑 55%，小麦 32%，石灰 1%，石膏 2%，腐殖土 10%。

③ 棉籽壳 75%，麦麸 20%，石膏 1%，过磷酸钙 1%，腐殖土 3%。

④ 稻草粉 75%，麦麸 15%，过磷酸钙 2%，腐殖土 3%。

⑤ 玉米芯 80%，米糠 15%，石膏 2%，过磷酸钙 1%，腐殖土 2%。

⑥ 农作物藤秆粉 75%，米糠 10%，麦麸 10%，白糖 1%，石膏 1%，过磷酸钙 1%，腐殖土 2%。

⑦ 麦粒 35%，木屑 46%，石膏 2%，石灰 1.6%，磷酸二氢钾 0.4%，腐殖土 15%（含水量 55%±3%）。

（2）栽培种制作过程：

按配方将原料混匀后，加水调至含水量为 65%，装入高压聚丙烯塑料菌袋中。菌袋规格为（15～17 cm）×（28～33 cm）×（0.004～0.005 cm）。然后灭菌，用原种接种，培养。操作方法同上述原种。经 1 个月菌丝长满菌袋后就可用于生产栽培（图 2-25）。

图 2-25 羊肚菌栽培种

4. 营养转化袋制作

(1) 营养料配方:

① 小麦 30%,木屑 30%,稻壳 30%,石灰 2%,腐殖土 8%。

② 小麦 80%,谷壳 18%,石灰 1%,石膏 1%。

③ 木屑 40%,麦粒 50%,稻壳 4%,过磷酸钙 1%,石灰 2%,石膏 1%,腐殖土 2%。

④ 小麦 25%,木屑 42%,玉米芯 15%,石灰 1%,石膏 1.6%,磷酸二氢钾 0.4%,腐殖土 15%。

注:配方中的木屑为阔叶木屑,粒径为 5~10 mm,麦粒需浸泡 24 h 后才能使用。

(2) 装袋:

所用营养转化袋为 14 cm×28 cm×0.4 mm 或 15 cm×30 cm×0.4 mm 的聚丙烯袋,装入营养料后用扎口机或绳子扎口。

(3) 灭菌:

装袋后应及时装锅灭菌。常压灭菌要求在 4 h 内达到 100 ℃,并维持 8~10 h;高压灭菌要求在 0.15 MPa 下维持 2 h。

(4) 冷却:

将灭菌后的营养转化袋搬运出锅,在冷却室中冷却。冷却场所应事先消毒、灭虫,并使空气中的尘埃沉落下来,冷却过程中应防尘、防雨、防鼠。

第三节　水稻-羊肚菌轮作技术

水稻-羊肚菌轮作是利用羊肚菌生长周期短的特点，在单季水稻种植的田地上，充分利用稻后茬种植羊肚菌的一种高经济效益的生态种植模式，具有生态、绿色、高效的特点。羊肚菌与水稻轮作可有效降低羊肚菌田间病虫害发生率，从而保障羊肚菌的产量和品质；水稻秸秆还田可作为羊肚菌的栽培基质，为羊肚菌的生长提供天然底肥，提高羊肚菌的产量；羊肚菌种植后土壤中残余的大量菌丝和营养转化袋可作为天然有机肥，为水稻的生长提供多种营养元素，减少化肥投入量，提升稻米品质。因此，水稻-羊肚菌轮作技术的应用与实施，将有助于提高稻田土地利用率，实现水稻与羊肚菌绿色、高效与优质生产，增加稻田综合效益，助力乡村振兴，促进乡村特色经济的发展。

一、茬口安排

水稻-羊肚菌轮作模式是将羊肚菌与水稻进行周年轮作的一种新型高效生态种植模式，其茬口安排：11月中下旬至12月初羊肚菌播种，翌年3月中下旬羊肚菌结束采收，5月水稻育秧，6月水稻移栽，10月下旬至11月上旬水稻收获（图2-26）。

图2-26　水稻-羊肚菌轮作模式茬口安排

二、水稻绿色生产技术

1. 产地环境

选择地势平坦、排灌方便、地下水位较低、土层深厚疏松、远离污染源的田块进行水稻种植,且要求生态环境良好。

2. 品种选择

水稻-羊肚菌轮作宜选用优良食味水稻品种。根据不同茬口、品种特征特性及安全齐穗期,选择适合当地种植的食味优良的审定粳稻品种,品种材料可参照本书中列举的不同适宜区种植的优良食味品种。

3. 选种

水稻种子在选择时要注意以下几点:① 选择正规的种子供应商,禁止使用散种子;② 尽量选择国审品种或者本省通过审定的品种,不要贪图便宜选择套牌、假种子;③ 选种时注意看包装袋上的生产日期,防止购买到陈种子。此外,种子处理也非常重要。目前市场上销售的部分种子已经不需要进行拌种及包衣处理,因此选择时要询问所选种子是否已经包衣。需要注意的是,选好种子后应先取10粒种子进行发芽试验,检查种子的发芽率,一般水稻种子的发芽率不低于96%。

4. 育秧技术

"秧好半年稻。"大力推广毯苗机插、钵苗机插等主体技术,培育适宜壮秧。加强水稻硬地硬盘微喷灌育秧技术的示范推广,充分利用空闲水泥场地、晒场、空置硬质路面、林下空地等资源,以此替代传统大田育秧。以下介绍工厂化基质育秧技术。

(1)种子处理。

对未经包衣处理的种子需进行药剂浸种、催芽处理。浸种前选择晴天晒种1~2 d,再用清水选种,淘汰空粒。将浮在表层的空秕谷捞出,选用饱满稻种。然后用植保部门主推的浸种药剂浸足48 h,水温控制在12 ℃左右。种子起水后即可进行催芽处理。

(2)室内催芽。

为防根芽过长而导致机械损伤,工厂化育秧催芽标准为破胸露白。坚持室内催芽,做到高温破胸、摊晾炼芽。

① 高温破胸:破胸一般需24 h。在30 ℃~38 ℃温度范围内,温度越高,破胸越快越齐。破胸前要从下到上翻拌数次,以确保谷堆上下温度一致,使稻种间受热均匀,整齐破胸。

② 摊晾炼芽:为增强芽谷播种后对外界环境的适应能力,应进行室内摊晾炼芽。在谷芽催好后,置室内薄摊数小时晾干,至稻谷内湿外干、种子不粘连即可播种。

（3）流水线播种。

播期：合理安排播种期与移栽期，一般在栽前13 d左右进行流水线播种。以机插6月14日倒推13 d，即确定播种期为6月1日。根据机具数量、劳力、灌溉等条件实施分期播种，每期可间隔2～3 d，确保每批次播种都能适期移栽。

播量：每批次水稻播种前需进行试播，调节流水线播种仓的常规稻芽谷播量为130～150 g/秧盘。秧盘内底土厚2.5～2.8 cm，覆土厚0.2～0.5 cm，要求覆土均匀，不露籽。

叠盘暗化：播种作业全部结束后，立即叠盘于室内暗化出苗，每叠20～25盘，顶部放一只有土、无种盘封顶。秧盘的排放务必做到垂直、整齐，盘堆要大小适中。叠放完成后，顶部和四周用黑色农膜封闭，不可有漏缝和漏洞，做到保温、保湿、不见光，防止盘间与盘内温湿度不一致，影响齐苗。待80%芽苗露出土面1.0～1.5 cm时暗化结束，即可摆盘至秧田绿化。

（4）摆盘绿化。

齐苗后即将秧盘移至大棚（或秧田）内，整齐摆放于育秧床上，做到左右对直，上下水平。

摆盘的时间：晴天，上午9:00之前，下午3:30之后。中午前后日光强烈的情况下不宜摆盘，以免光害伤苗；阴雨天全天均可摆盘。秧田摆盘后盖无纺布保护芽苗，并灌"跑马水"湿润盘土；也可直接灌水护苗，夕阳西下时即可排水露芽。

（5）育秧期管理。

① 大棚育秧期管理（图2-27）。

控水（完全可控）：水分要求分层控制。补水原则按旱育秧要求，以干为主，防止徒长，即播前浇透水，出苗时保持湿润，出苗后不卷叶不补水，移栽前2 d左右断水炼苗。每次补水要求盘内基质吃透水，补水持续时间为15～30 min。

降温（部分可控）：育秧期最适温度为20 ℃～30 ℃。根据天气情况，可通过通风、补水、遮阳等措施降低温度，确保棚内温度不超过35 ℃。通风：打开棚门、天膜、裙膜，启动棚内排风扇，加大空气对流，降低棚内温度。补水：中午通过补水能使温度迅速降低3 ℃左右。遮光：为避免影响采光，中午高温期间可适期覆盖遮阳网，待温度降低后再拉开遮阳网以保证充足光照。

增光：光照不足会导致秧苗瘦弱。采取补光措施可使每层的秧盘都能接受阳光照射。

图 2-27 育秧大棚集中育秧

② 秧田育秧期管理（图 2-28）。

基质育秧，因为基质疏松、保水性能差，宜采用湿润管水方式。播后至移栽前一天，晴天每天灌一次"跑马水"，渗透盘土后迅速排放。移栽前一天控水，以便起苗和运输。

图 2-28 微喷灌旱地育秧

5. 大田栽培

（1）翻耕整地。

前茬作物收获后，及时翻耕整地，同时将秸秆还田，稻秸不超过全量还田。旋耕后灌水、耙田、整地，达到田平、泥熟、无残渣，田面高低相差不得超过2～3 cm。移栽前，壤土沉实1～2 d，黏土沉实2～3 d，待泥浆沉实后插秧。

（2）移栽。

移栽秧龄：毯苗机插秧苗2叶1心期（18～20 d），苗高达到机插高度11 cm时即可栽插。

株行距配比：株行距为14 cm×30 cm；穴栽3～4苗，基本苗数$6×10^4$～$7×10^4$/亩。

（3）肥料管理。

肥料施用遵循"增施有机肥，有机无机相结合"原则。早施分蘖肥，稳施拔节孕穗肥，后期看苗补施穗肥。氮肥的基蘖肥与穗肥的比例以6∶4为宜，基肥与蘖肥比例以4∶6为宜，氮、磷、钾肥搭配施用。穗肥应早施，以促为主。根据测土配方增施锌、硅肥。改进施肥方式，氮、磷、钾等大量元素肥料采用缓释肥或控混肥，化肥与有机肥或生物肥等配合施用。

施肥总量：根据当地土壤肥力水平和产量目标确定施肥量。为了确保可持续性丰产，同时避免农户施入过量的化肥，宜采用如下氮肥的理论施用量计算公式：

$$N=Y/100 × N_{100}$$

式中，N为理论推荐施氮量，单位为kg/亩；Y为目标产量，单位为kg/亩；N_{100}为百千克籽粒吸氮量（又称施氮系数），单位为kg。

粳稻产量水平在6～11 t/hm²范围内时，百千克稻谷吸氮量为1.63～2.45 kg。籼稻百千克稻谷吸氮量比粳稻低0.2 kg。按照氮∶磷（P_2O_5）∶钾（K_2O）=1∶0.5∶0.7的比例计算磷、钾肥用量。

（4）水浆管理。

机插结束后薄水护苗，活棵后脱水露田2～3 d，而后浅干湿交替灌溉，总苗数达到预定苗数80%时开始分次轻搁，直至田中不陷脚、叶色褪淡、叶片挺起为止。搁田复水后，保持干干湿湿、干湿交替。在抽穗扬花期保持浅水层，齐穗后干湿交替，收割前7 d灌一次"跑马水"。

（5）收获。

当90%以上籽粒黄熟，或水稻籽粒水分含量达到25%时用收割机收割。收获后低温烘干，籽粒水分含量要求达到国家标准。

三、羊肚菌绿色高效生产技术

1. 产地环境

羊肚菌对土壤的要求极高，适宜在偏中性或微碱性的壤土中生长。可选择无积水、土质疏松、靠近水源、便于机械化作业的农田种植羊肚菌（图2-29）。为便于排水的同时避免钾、镁和磷等元素受雨水冲刷后淋失，选择农田的坡度不宜超过15°。

图2-29　准备种植羊肚菌田块

2. 品种选择

稻菌轮作时，宜根据前茬水稻品种的生育期，选择适合当地种植的羊肚菌品种，江苏地区可选用六妹羊肚菌。

3. 土壤处理

（1）田块耕整与拱棚搭建。

考虑稻后茬羊肚菌种植受天气因素影响大，水稻收获后需抢抓晴好天气进行田块耕整与拱棚搭建。水稻收割完毕后，清理田间杂物，暴晒2～3 d。水稻秸秆与残余稻桩用旋耕机打碎后深耕还田并再次暴晒1～2 d，耕作深度15～20 cm，稻秸不宜超过全量还田。

稻秸还田后视天气情况，继续对田块进行露地或搭棚后耕整。若当年主要为晴好天气，10～15 d 内无明显降雨，可在田间撒施生石灰后再次深耕土壤，暴晒7～10 d，生石灰施用量不超过50 kg/亩；然后用微耕机耕翻并打碎土壤，翻耕深度为10～15 cm，翻耕后土壤粒径为3～5 cm；羊肚菌播种前搭好拱棚（图2-30）。若当年主要为阴雨天气，则在田块第一次耕整后即抓紧时机开排水沟、搭建拱棚并及时覆膜，然后在棚内进行生石灰撒施、微耕机翻耕等操作（图2-31）。

图 2-30　水稻收获后遇晴好天气时羊肚菌播前土壤处理

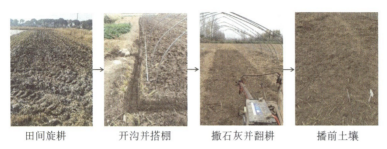

图 2-31　水稻收获后遇连续阴雨天气时羊肚菌播前土壤处理

根据当地自然温光资源、投资力度与种植规模选择合适的拱棚类型，具体拱棚选型见本节"稻茬羊肚菌田间工程"中相关内容。拱棚搭建后，于拱棚上方铺设棚膜，并将覆盖于地膜上方的 6 针遮阳网覆盖于棚膜上方，以保证羊肚菌生长的适宜温度与散射光环境。

（2）畦床整理。

于田块四周挖排水沟，沟宽 30～40 cm，深 30～50 cm 左右（图 2-32）。沿着种植方向开挖畦床和畦沟，畦床宽度 80～140 cm，畦沟宽度 40～50 cm，深 20～25 cm，畦长不限（图 2-33）。排水不良的土壤应作高畦防止畦面积水。将畦面耙疏松、细软，土块直径在 1～2 cm。

图 2-32　棚间加深畦沟利于排水或灌水降温

图 2-33　畦床整理

（3）羊肚菌播种。

地表温度连续 7 d 低于 20 ℃时可准备羊肚菌播种。向当地有资质的食用菌菌种厂家购买羊肚菌菌种。播种前将菌种袋表面、破袋工具刀、菌种盛放容器和菌种破碎刀头用 0.3%～0.5% 的高锰酸钾溶液清洗消毒。双手戴一次性无菌手套后，将菌种手工揉碎或机械打碎，按所需菌种量播种。

采用条播方式时，沿种植方向在畦床搂 2～3 条宽 3～5 cm、深 3～5 cm、间距 20～30 cm 的播种沟，将破碎后的菌种均匀撒播于播种沟内，挖取原田细土 3～5 cm 覆盖，表土耙平后浇水（图 2-34）。也可采用撒播方式，先于畦面撒播羊肚菌菌种，然后对羊肚菌菌种进行覆土（需注意菌种的覆盖，以免菌种裸露后在高温条件下发生灼伤或死亡）。羊肚菌亩菌种用量为 150～200 kg，播种前按播种沟或厢面面积计算播量。

菌种袋　　　　　　破碎后的菌种　　　　　　菌种条播

图 2-34　破碎后的羊肚菌菌种与田间菌种条播

（4）地膜覆盖。

播种后，沿畦床方向覆盖黑色地膜（图 2-35）。用土块压住地膜两边，畦面地膜打孔。播种时间较晚（温度较低）时，加盖一层地膜保温。动态监测田间土表温度，不宜超过 20 ℃。温度过高时进行通风。

地膜打孔　　　　　　　地膜覆盖　　　　　　　覆膜完成

图 2-35　黑色地膜覆盖

（5）营养转化袋放置。

播种后 7～10 d，当白色分生孢子长满畦面后（图 2-36、图 2-37），掀开地膜放置营养转化袋（图 2-38）。将营养转化袋一面划开两道 8～10 cm 的口子，划口朝下平放于畦床表面，稍用力压实；沿畦床走向平行摆放营养转化袋，营养转化袋行间距、纵向间距均为 40～50 cm，横向交错放置。营养转化袋应无污染、无破损。营养转化袋放置后应再次覆盖地膜。以单体质量为 0.5 kg 的营养转化袋为例，每亩放置营养转化袋 2 000～3 000 个。

图 2-36　畦面白色分生孢子　　　图 2-37　畦面白色分生孢子长势

图 2-38　畦面营养转化袋

（6）营养转化袋去除。

播种后 30～40 d，菌丝长满营养转化袋，培养料被吸收，营养转化袋逐渐软化，营养通过菌丝转移至土壤中，羊肚菌从营养生长转入生殖生长（图2-39）。此时，地面上的白色分生孢子开始消退，菌丝变黄，应及时移除营养转化袋，准备出菇管理。

白色分生孢子　　　　白色分生孢子消退　　　　部分营养料被吸收

图2-39　营养转化袋去除前畦面分生孢子生长情况

（7）去膜催菇。

播种后50～60 d，畦面出现少量原基，此时应揭除畦面地膜。通风1～2 d后，打重水催菇，以畦沟内少量积水为宜。若田块排水性较差，则酌情降低打水量。催菇后畦面原基如图2-40所示。

催菇前少量原基　　　　　　　催菇后大量原基

图2-40　催菇后畦面原基

4. 出菇管理

原基大量出现后，羊肚菌随后进入原基分化期、子实体膨大期（图2-41）。一般来说，打足催菇水后，出菇期无须再喷水，时刻监测环境相对湿度并观察子实体顶部，若相对湿度低于80%或子实体顶部出现干枯状态，则补水以增加空气湿度，但切忌补水时间过长。保证通风以满足羊肚菌生长需要的氧气。一般于每日上午10时监测设施内CO_2浓度，超过600 ppm时进行通风。需要注意避开风口通风，同时尽量在设施四周设置高度不低于60 cm的裙膜，以避免风直吹菇体而造成伤害。

图 2-41　羊肚菌出菇

5. 子实体采收

羊肚菌子实体出土后 7~10 d，子囊果长至 10~15 cm，一般颜色由灰黑色变成浅灰色或浅黄褐色，菌盖表面蜂窝状凹陷伸展，八九成熟时即可采收（图 2-42）。羊肚菌分批成熟，需要分批采收。

采收时用手捏住羊肚菌根部，轻轻转动即可采下。然后用竹片或小刀刮掉根部泥土，注意不要带入杂草及污泥，并将残次品分开放置，避免感染完好的子实体。羊肚菌采收后放在固定容器中，及时销售、晒干或烘干，干品装塑料袋密封，置于阴凉、干燥、通风处保藏。

图 2-42　羊肚菌田间采收

四、稻茬羊肚菌田间工程

田间工程的选型与构建是保障羊肚菌绿色高效生产的重要步骤。因地制宜地选择适宜当地气候的拱棚类型，既是保障羊肚菌生长适宜温湿度环境的关键环节，更是应对当地突发灾害性天气的紧要措施。生产上可在羊肚菌播种前搭建拱棚。江苏地区一般选择拱圆形结构的拱棚，其根据大小可分为以下三类：

（1）小型拱棚：主要采用毛竹片、竹竿、荆条或 6～8 mm 的钢管等材料制成。生产中依据实际需要设计跨度与高度，跨度与高度一般分别为 120～150 cm 和 70～80 cm。小型拱棚亩投入成本较低，操作方便，容易推广，但所需劳动力较高，适合种植面积在 5 亩以下的种植户。

（2）中型拱棚：一般跨度为 3～6 m。跨度为 6 m 时，以高度 2.0～2.3 m、肩高 1.1～1.5 m 为宜；跨度为 4.5 m 时，以高度 1.7～1.8 m、肩高 1.0 m 为宜；跨度为 3 m 时，以高度 1.5 m、肩高 0.8 m 为宜。长度可根据需要及地块长度确定。按材料不同，中型拱棚可分为竹片结构、钢架结构和钢竹混合结构拱棚。常用于江苏地区稻茬羊肚菌种植的中型拱棚采用钢架结构，如 GP-C622 型拱棚。中型拱棚操作简便，亩投入成本相对较低，适合种植面积在 5～10 亩的种植户。

小型拱棚和中型拱棚如图 2-43 所示。

小型拱棚　　　　　　　　　　中型拱棚

图 2-43　羊肚菌棚架选型

（3）大型拱棚：一般跨度为 8～12 m，高度为 2.4～2.6 m。按材料不同，大型拱棚可分为竹木结构、钢架混凝土柱结构、钢架结构、钢竹混合结构拱棚等。按连接方式不同，大型拱棚可分为单栋大棚、双栋大棚及多连栋大棚。与中小棚相比，大型拱棚具有坚固耐用、使用寿命长、棚体空间大、作业方便等优点，但投资成本较高，目前在江苏地区应用较少。

五、危害羊肚菌生长的逆境条件及预防措施

1. 自然逆境危害因子及其预防措施

羊肚菌生长阶段管理以温、湿、光、气四大环境要素为核心，四大环境要素既相互促进，又相互制约。在实际生产中要根据天气、棚室性能、生长发育

时期等实际情况，尽量达到四大要素的和谐统一，保证羊肚菌子囊果的正常发育。其中，高温、冻害、大风，以及虫害、病害、未知因素等都会给羊肚菌生长带来危害，造成歉收甚至绝收。目前，羊肚菌已成为国内外具有较高市场地位的食用菌，但当前的情况下盲目跟风式大规模发展羊肚菌栽培将会增加栽培风险。种植户应根据羊肚菌本身的特性，科学规划，进行精细的栽培和管理，保障产品质量和栽培效益，引导羊肚菌产业向健康科学方向发展。下面介绍羊肚菌生长阶段遇到的自然逆境危害因子及其预防措施。

（1）温度方面：

羊肚菌属低温型菌类，但温度太低其菌丝无法存活。羊肚菌菌丝具有抗冻极限，低于 0 ℃时不能生长，但其菌丝在 0 ℃以下半年内不会死亡，在早春 1 ℃～2 ℃时就开始生长。在 10 ℃～25 ℃时，菌丝日长速随温度升高而加快；高于 28 ℃时，菌丝日长速直线下降。菌丝在 25 ℃时日长速最快，但菌苔层薄，易老化。菌丝在 20 ℃左右时日长速较快，且菌丝浓密粗壮。温度过高或过低都不利于羊肚菌菌丝生长。羊肚菌菌丝的最适生长温度为 17 ℃～22 ℃。

低温冷害可通过大棚内搭小拱棚或加盖棉毡预防。采用"大棚套小棚"的模式，即在大棚里面栽培羊肚菌厢面用竹弓或玻璃纤维杆搭建小拱棚，可通过锁住白天吸收的热辐射起到一定的增温效果，同时可以减缓夜间热量流失，平均温度可提升 2 ℃～4 ℃。露天小拱棚栽培羊肚菌模式则建议增加厚丝塑料膜保温，或在薄膜上加盖棉毡，可以同样达到减少热量散失的效果。

菇蕾至子实体阶段，地温宜控制在 12 ℃～16 ℃，气温宜控制在 10 ℃～18 ℃。温度在适宜范围内宁低勿高，低温条件下羊肚菌子实体肉质肥厚、韧性好；但最低地温和气温均不得低于 6 ℃，否则较小的子实体（<3 cm）易发生冻害，菌柄呈水浸状，之后逐渐变红死亡，较大的子实体虽不易冻死，但菌柄会变灰色或红色，导致品质下降。

长菇期气温最好不超过 20 ℃，切勿超过 25 ℃，超过 25 ℃且空气湿度高于 90% 时易大面积发生白霉病（图 2-44）。在高温干燥（空气干燥，不是土壤干燥）的环境下，随着干热的空气一遍遍地吹过厢面，子实体的水分被带走，最先受伤的是顶部，会出现干瘪萎缩，较小的子实体直接干死。在高温不通风的环境下，棚内温度会急剧升高，当地表温度高于 20 ℃的时候容易滋生细菌、杂菌，棚内湿度过大则会加剧病虫害的发生，还会造成焖棚，子实体直接死亡。关于浇水，生产上面临着如何浇和浇多少的问题。在高温环境下，浇水能迅速降温，提高空气湿度和土壤湿度（这在黏性土壤中更为明显）。但土壤湿度的增大会使土壤含氧量降低，高温环境下将会导致子实体菌柄发红继而死亡

（图2-45、图2-46）。因此，高温期间若采用浇水降温方式，则需要严格控制浇水时间。实际生产中，大量种植基地因为土壤湿度原本就高，突遇几天高温天气，大批的子实体菌柄发红，然后逐步死亡。这对土壤的通透性和排水能力也提出了非常高的要求。

图2-44　高温高湿下羊肚菌大面积发生白霉病

图2-45　高温高湿下羊肚菌菌柄发红

图 2-46　高温高湿下羊肚菌死亡

高温、通风和浇水是一个既相互需要又相互矛盾的共同体，种植户可适当探索一些有效的操作方法。可供选择的措施有：① 雾化喷头，雾化加湿，并适量通风，以降低棚内温度。② 如果用喷带加湿，则选用孔数较多的喷带，喷水以少量多次为宜，一次水量切勿过大，以免造成土壤积水。③ 有条件时，棚内中上部通风以排出热空气（热空气聚焦在棚上部），这样可以避免扫地风吹干菇体。例如，可将棚两侧通风口设在离地 30～50 cm 处，或在棚顶部背风方向开天窗，使热空气可及时流走。④ 采用双层遮阳网（两层遮阳网间留 50～70 cm 的空间便于空气流通）、棉毡子遮阴，或采用短暂的棚子洒水降温方式熬过极端的高温天气。

（2）水分与湿度方面：

羊肚菌性喜湿喜阴，高湿环境可加快菌霜形成原基；但从另一个角度来看，湿润的环境会加重极端低温天气对羊肚菌的伤害，尤其针对原基和子实体。综合考虑，建议适当减少浇水、加大棚内通风量，使土壤湿度下降到原基发育湿度以下，尤其是冬季要进一步降低冻害对菌丝尤其是原基的影响。

羊肚菌在原基阶段对其进行浇水后一般不会死亡，但是浇水要适量，要注意不能让畦面有积水。羊肚菌属于好氧性真菌，开厢开沟的工作一定要做好，要尽量增加土地表面积以提高产量；要增加土壤的透气性，促进羊肚菌菌丝的生长；要利于排水，以防春季降雨量过多对羊肚菌种植产生致命的影响。一般要求厢面宽 1 m，沟道宽（深）30 cm。

湿度管理遵循"少量多次，小水勤喷，不喷关门水"的原则。出菇期土壤湿度以保持畦面湿润为宜，空气相对湿度以 80% 左右为宜。畦床表面发干时，应视天气情况、发育时期等具体情况确定浇水方案。以采用微喷的方式浇水为宜；地喷带浇水易溅起泥水污染子实体，故不建议使用。出菇阶段采用少量多次的方法进行补水，以喷小水为宜。根据羊肚菌生长情况确定喷水量，遵循"菇多多喷，菇少少喷，菇大多喷，菇小少喷"的原则，喷水时间不宜过长，严禁大水漫灌，以防"水菇"和细菌性病害的发生。喷水后及时通风，即"不喷关门水"。

喷水不当会对羊肚菌生长造成伤害。羊肚菌好氧性强，只要在播种时调节好土壤湿度，菌丝生长阶段土壤没有发白就不需要喷水。如经常喷水，反而会造成土壤不透气，氧气稀少，从而影响菌丝生长。土壤发白时应及时适量补水。切忌养菌时勤喷水。对 2 cm 以下小菇喷水易造成子实体死亡，原因是小菇的生长需要大量氧气，喷水后会导致小菇尖端生长点被水膜包裹，不透气，从而因缺氧窒息死亡。

羊肚菌的灌溉水一定要确保来源干净、安全，切不可采用有污染的水源，以免外来微生物、有害物质和杂质对羊肚菌造成危害；有条件的种植户可以在喷淋或浇灌前选用二氯异氰尿酸钠或食用菌克霉灵按照千分之一比例消毒。

（3）氧气与通风方面：

人工种植羊肚菌过程中，其缺氧问题较为普遍。缺氧问题主要出现在两个阶段：第一个阶段是刚播种后，由于把棚四周压得很严实，棚内羊肚菌易因温度高而出现闷热缺氧的情况，若不开棚，易造成羊肚菌菌丝受害，菌核无法形成，导致绝收；第二个阶段是羊肚菌出菇阶段，若气温在 25 ℃ 以上，则羊肚菌 2 h 内就可能会全部死亡，导致绝收。

氧气对羊肚菌子囊果的生长尤为重要，缺氧会导致菌柄较长而品质下降。出菇阶段随着子囊果的不断长大，对氧气的需求量也逐渐增加，需逐渐增加通风量，保持棚内空气新鲜。一般情况下，羊肚菌生产多采用通底风方式，将二氧化碳排出棚外，但为避免寒风或干热风直吹子实体，应在棚室门口处及棚膜底部的通风口处拉约 1 m 高的缓冲膜（图 2-47），即采取"设缓冲膜，通底风"方式。由于冬季温度偏低，通风时间宜选择在上午 10:30 至下午 3:00 之间进行，通风时间以 2～3 h 为宜，控制棚内二氧化碳浓度在 800 mg/m³（800 ppm）以下。

图 2-47　棚膜底部的通风口处拉约 1 m 高的缓冲膜

通风口要处于背风处，空气能流通即可。风大的时候关闭通风口，晚上预留的口子要比白天小一些，温度较低时要将其直接封闭。在设计安装时，棚体不宜过长或过大。当羊肚菌子实体形成后，气温在 5 ℃以上，在无风的情况下，下午 6 时至上午 9 时都要进行通风。出菇棚的通风时长主要与天气变化和气温变化有关。在天气比较干燥、温度较高、天气较好的情况下，通风时间就可以适当延长；如果遇低温或多雨天气，通风时长就应控制在 2 h 左右；如果出菇棚的湿度过大，也要及时通风以降低湿度，促进出菇。

通风不当会对羊肚菌造成伤害。羊肚菌好氧性强，通风换气有利于羊肚菌菌丝及子实体生长。小菇阶段需氧量大，但通风时不应掀起遮阳网，以免子实体被大风吹死；出现原基时更要防大风，以免造成幼小原基死亡。

（4）光照方面：

出菇阶段的光照对羊肚菌子囊果形态及菌盖颜色影响较大。这一阶段应注意调节遮阳网厚度，将光照强度控制在 800～1 500 lx，出菇畦面要均匀见光，避免出现温室中后部见光少的问题；忌阳光直射，以防菇体温度过高而发生白霉病。

2. 羊肚菌连作障碍的成因分析及防控措施

连作障碍又称重茬，是指在同一地块连续种植同一种作物或近缘作物，即使在正常的栽培管理条件下，也会出现生长不良、产量降低、品质下降、病虫害严重等现象。羊肚菌连作 2 年后就会出现菌丝长势差、原基不分化、产量下降、子囊果变小、病虫害严重等现象，严重的甚至绝收。羊肚菌以大田栽培为主，连作障碍是制约羊肚菌生产的一大难题。

（1）引起羊肚菌连作障碍的原因：

引起作物连作障碍的原因主要有三个方面：① 有害微生物增加，有益微生物活性明显降低，病原菌积累，土传病害加重；② 某些微量元素缺乏，使作物抗病能力变差；③ 自毒性他感物质积累导致作物染病。以上原因导致的土壤化学生物变化打破了土壤微生态平衡，进而影响作物生长发育，最终导致作物减产甚至绝收。据统计，导致作物连作减产的原因比例：病害占75%以上，缺素约占5%，自毒性他感物质积累约占9%。

羊肚菌连作障碍产生机理较为复杂，目前仍尚无相关报道。初步推测，羊肚菌的连作障碍与土壤中微量元素失衡、病原菌增加等有关。以北方地区羊肚菌栽培为例，栽培时间一般在冬春之际，而冬季降雪较多，必须采用抗压的钢架大棚。由于钢架大棚造价高，拆装不便，所以大多采取连续种植的方式，且无法像南方那样进行水稻轮作改良土壤，造成土壤内滋生大量致病菌和病虫害，导致土传病害严重。

（2）羊肚菌连作障碍的防控措施：

目前对于羊肚菌连作障碍防控的研究较少，最有效的方法是尽量避免同一块地连续种植。但受耕地和成本限制，很多菇农做不到每年更换大棚、林地或者更换耕作层土壤。现阶段，羊肚菌连作障碍的防控措施主要有实施轮作、轮换菌种及土壤处理三种。

① 实施轮作。

有研究表明，很多作物的根分泌物与某些土传病害的发生密切相关。根据某些作物根分泌物对病原菌的化感作用，在生产中实施合理的轮作种植制度，可以显著改善作物的矿质营养，同时可以调节土壤肥力，优化土壤微生态环境，从而对土传病原菌实现天然调控，最终达到减轻病害、缓解连作障碍的目的。在羊肚菌栽培中，水旱轮作是最有效的，但水稻轮作受水源限制较大，技术比较复杂。没有种植水稻的条件时，建议同其他作物、瓜果、牧草等进行轮作，也能使病菌失去寄主或改变生活环境，达到减轻病虫害的效果。注意羊肚菌不能与冬荪、大球盖菇等食用菌轮作，羊肚菌与玉米轮作有加重连作障碍的趋势。轮作时，最好进行科间轮作，轮作的作物尽量不要重茬，相同的作物可以间隔两三年轮作一次。

② 轮换菌种。

克服羊肚菌连作障碍，菌种轮换比进行水稻轮作技术简单，适用性强，只要菌种选择得当，产量便有所保证。选育抗重茬的羊肚菌品种，或每年选用不同的羊肚菌品种或者菌株进行播种，如梯棱和六妹品种或者菌株之间轮换。自毒性他感物质作用专一，不同菌种之间互毒作用弱，因此菌种轮换的效果良好。羊肚菌菌种易发生变异和退化，要想获得良好的效益，必须选取活力佳、抗性强、来源可靠的羊肚菌菌种。

③土壤处理。

设施栽培条件下，春季采菇结束后，可每亩撒施200 kg生石灰对土壤进行消毒杀菌，同时调节土壤pH，之后进行深耕；夏季高温时期，可去掉遮阳网高温焖棚20 d以上，利用日光紫外线及高温干燥的环境杀灭部分病菌，从而减轻土壤病虫害。有条件的可以尝试对大棚进行大量灌水，持续水淹土壤3～5 d，使土壤中的有害物质排到水中，之后将水抽走，用水来进行土壤微生物的调节，这样土壤中的有害物质就会大量减少，同时可以防治土壤酸碱化、盐化。

另外，可以根据土壤类型和羊肚菌的营养需求，尝试使用一些土壤改良剂和微生物肥料来增强土壤保水性、透气性及矿质元素含量，从而改良土壤结构，进一步缓解羊肚菌连作障碍。研究表明，撒施草木灰能促进菌丝生长及菌核形成，能大量促生菌菇原基而提高产量，有助于克服羊肚菌连作障碍。腐熟羊粪可以抑制杂菌生长，增加土壤通透性，且能有效提供营养物质，提高羊肚菌产量。因此，增施有机肥，特别是充分腐熟的厩肥有助于克服羊肚菌连作障碍。

3. 羊肚菌生产中其他常见问题与应对措施

（1）播种时间把握不准。

羊肚菌播种早，环境温度高，易造成菌丝纤细，生长力弱，且容易发生杂菌感染；播种晚，环境温度低，出菇就晚。建议适时播种，秋季土壤温度连续低于20 ℃时为播种适期。

（2）播种后菌种不萌发。

一般播种1 d后，纤细柔弱的菌丝即开始有生长迹象；2～3 d后地表会稀疏地附着一层菌丝；7～10 d后土壤表面的菌丝将形成菌霜。若播种2～3 d后菌丝未萌发、不蔓延，7～10 d后观察不到菌霜，说明菌种未萌发或萌发不良。其主要原因一方面可能是菌种有问题，如菌种质量不合格或菌种老化；另一方面可能是土壤湿度不适宜，土壤湿度过大会影响土壤透气性，造成菌种供氧不足，土壤湿度过小则菌丝缺水，生长力弱。低温是菌丝生长相对缓慢的一个原因。可以选用菌龄短、菌丝体健壮、生长势强、无污染的菌种，确保菌种生长势。一般以原种接种后25～30 d的栽培菌种为好。如果是自育，最好在最适于菌种发育的环境下培养栽培种，播种后严控温度、湿度、光照、二氧化碳含量。

（3）营养转化袋使用时间不当。

大量实践证明，在菌丝生长阶段，使用营养转化袋补充营养，可促进菌核形成。使用营养转化袋是羊肚菌高产稳产的基础和保证。而生产中往往出现摆放营养转化袋时间不适宜的问题：摆放过早，菌丝未充分伸展到地面而伸入营养转化袋内，在土壤表面长时间呈现半开放状态，营养转化袋容易被杂菌感染；摆放过晚，土壤中羊肚菌的菌丝发育缺少养分供给，菌丝易老化，也影响菌核的形成。建议摆放营养转化袋的时间要根据菌丝生长状况来定，以土壤缝隙中的菌丝向上延伸到与地表相齐时较为适宜，一般为播种后 7～10 d。营养转化袋开口面与地面紧密接触，每个营养转化袋以袋为中心，在半径 25 cm 范围内供应养分。撤袋时间在菌核形成后期及极少部分子实体形成初期较为合理。

（4）菌丝在土壤养菌过程中被杂菌污染。

菌种培养过程中染菌，或播种时温度偏高、覆土不当，喜高温的杂菌快速生长，都会抑制羊肚菌的菌种萌发。细菌病害多发生在出菇环节，高温高湿天气助推细菌生长，细菌侵染菌柄使其变红、腐烂、发臭。建议播种前 30 d 对土壤进行三次翻耕，翻耕深度 15 cm 左右。第一次翻耕时，每亩用硫酸钾复合肥 10 kg、生物有机肥 200 kg（或发酵好的菌糠）和土壤充分混合。其中，硫酸钾复合肥为羊肚菌提供氮、磷、钾等元素；生物有机肥（或发酵好的菌糠）除了提供养分外，还可以改良土壤，增强土壤保水保肥能力。第一次翻耕 7 d 后进行第二次翻耕，每亩用辛硫磷 1 kg 或毒死蜱 1 kg 兑水喷洒地面，或者将药物掺麦麸后搅拌均匀，按 10 kg/亩撒入地面，旋耕一次。第三次翻耕在播种前 3～5 d 内进行，每亩用草木灰 200 kg、生石灰 50～100 kg，旋耕一遍后即可播种。营养转化袋后期感染杂菌，出菇前必须撤袋，出菇过程严防高温高湿。

（5）出菇时间不一致，出菇时间拉长。

① 光照、温度不均易造成出菇时间不一致。同一时间播种的羊肚菌菌种，由于保温覆盖物和大棚东西方向影响，会造成大棚内光照不均，温度、土壤湿度不适宜。播种后需要达到一定的积温，菌丝才能形成原基并萌发。如果光照和温湿度不合适，羊肚菌在土壤中开始萌发和生长形成菌丝的快慢就会存在差异，从而导致一部分已经进入成菇期，一部分还在幼菇期，出菇时间不一致，菌丝生长和子实体管理措施相差较大。

② 未能正常实施出菇刺激造成出菇时间拉长。播种后，经 45～60 d 发菌，菌丝会扭结成球，进入原基期。原基生成需要适宜的温湿度及光照刺激。未能正常实施出菇刺激时，原基群体形成时间常常不一致，出菇时间拉长；并且，由于不及时观察，出菇刺激前已有部分菌丝扭结成球，呈晶莹透明的米粒状原

基，实施出菇刺激可能会伤及已形成的原基。

建议注意观察地表菌丝颜色，严格管控出菇刺激时间，待白色菌霜颜色褪变为浅黄褐色时即可催菇。温室大棚羊肚菌出菇时间一般在2月中下旬，最低温度为5 ℃时。

羊肚菌播种之后，用黑色地膜将畦床覆盖。覆盖地膜后，土壤中水分含量持续降低，经低温冷冻后直接撤除地膜进行光线、氧气刺激，揭膜后大水催菇，菌丝生长环境下初始的土壤湿度、氧气、二氧化碳平衡被打破，充足的水分、氧气和浓度较低的二氧化碳迅速诱发菌丝扭结成球，形成原基。

如果菌种播种后不用地膜覆盖，那么应使畦床表面始终处于散射光、适宜的温湿度条件下，可在白色菌霜褪变为浅黄色时通过低温冻结方式催菇，即浇1次透水，保温被昼盖夜揭，直至土壤冻结10～15 d。寒冷季节过后，保温被昼揭夜盖，保持出菇适宜的低温和湿度。冷冻前应防止原基在不知不觉中形成，避免受不确定气象因素影响而造成幼菇死亡。

（6）出菇期温湿度管理不到位，造成幼菇死亡或形成弯头菇。

忽高忽低的温度、高浓度的二氧化碳，易引起子实体瘦小、畸形，甚至会引起幼菇死亡。温室大棚中羊肚菌一般在11月上旬种植，次年元旦前后基本完成养菌，开始进入原基形成期。此期正是一年中最冷的季节，在有遮阳网覆盖的情况下，如遇突然降温、连续阴天或降雪，夜间温度常会降至5 ℃以下，低温高湿环境常使已形成的原基或幼小的菇体受冻死亡。菇蕾幼小时，通风量过大会造成顶尖干死。子实体生长最适宜的温度为10 ℃～18 ℃，温度忽高忽低，特别容易造成幼菇死亡。温度高，容易造成子实体灼伤。当温度超过25 ℃时，子实体会因为不耐高温而瞬时倒伏死亡。羊肚菌在原基期、针尖期、桑葚期如遇低温或因通风不畅缺氧，也容易死亡。

菌丝在原基形成前，如遇小型昆虫、蚯蚓等横穿碰断菌丝或咬断菌丝，子实体长出后受损的一边将无法形成组织，随着羊肚菌慢慢长大，就会向被咬断的一边弯曲，形成弯头菇。

建议稳定控制环境条件，避免幼菇死亡和形成弯头菇。催菇后，当畦床表面出现直径1～2 mm的白色水浸状羊肚菌球状原基时，适当增强光照，将遮阳网由棚膜外表面覆盖移到棚膜下，在散射光下使气温稳定在10 ℃～18 ℃，地温保持在12 ℃～16 ℃，避免阳光直射菌体。温度过高时，压盖保温被控温。

采用短时喷雾方式，保持空气相对湿度在85%～90%。出菇期需要充足的氧气，采用小风口长时间换气，晴天保持4～5 h通风时长，注意避免冷、热风直吹子实体。播种前彻底杀虫，防止昆虫破坏菌丝，确保子实体各部位正常分化发育。

六、水稻的收获与储藏加工

1. 水稻的收获

水稻适时收获是确保稻谷产量和稻米品质、提高整精米率的重要措施。收获过早,成熟度差,籽粒不饱满,青米率偏高,外观劣,千粒重偏低,产量偏低,食味品质差。收获过晚,掉粒断穗偏多,撒落损失偏重,稻谷水分含量偏低,着色粒和爆腰粒偏多,加工整精米率偏低,稻谷的外观品质差,商品性能偏低,食味品质差,丰产不丰收。所以,瞄准适宜的收获时期至关重要。一般而言,水稻收获的最佳时期是在稻谷的蜡熟末期至完熟初期,水稻黄化完熟率达95%以上,含水量在20%~25%。此时稻谷植株大部分叶片由绿变黄,稻穗失去绿色,穗中部变成黄色,稻粒饱满,籽粒坚硬并变成黄色,也就是农谚中所说的"九黄十收"。

收获后的稻谷一般含水量都偏高,为有效防止收获的粮食发热霉变而产生黄曲霉毒素,应及时将稻谷自然干燥或烘干,切忌在水泥场地上暴晒,稻谷温度不宜超过40 ℃。机器烘干采用低温烘干,慢速升温,适当的失水干燥速度为每小时0.8%~1%。对高水分稻谷,一次不能降水过多,最好采用间歇干燥或先低温后高温的干燥方法。稻谷干燥时速度不宜过快,否则稻米易产生裂纹(爆腰),影响稻谷出米率、产量和产值。高温还会使稻谷脂肪酸含量剧烈增加,从而导致储藏稳定性、加工与食味品质下降。

2. 稻谷的储藏

稻谷的壳较坚硬,对籽粒起到保护作用,能在一定程度上抵抗虫害及外界温湿度的影响,因此,稻谷比一般成品粮容易储藏。但是稻谷易生芽,不耐高温,需要特别注意。

大多数稻谷(如籼稻)无后熟期,在收获时就已生理成熟,具有发芽能力。稻谷萌芽所需的吸水量较低。因此,在稻谷收获时如连遇阴雨,未能及时收割、脱粒、整晒,稻谷在田间、场地就会发芽。储藏中的稻谷如果结露、返潮或遇漏雨,也容易生芽。稻谷脱粒、整晒不及时,连草堆垛,容易沤黄。生芽和沤黄的稻谷,品质和储藏稳定性都大为降低。

稻谷不耐高温,过夏的稻谷容易陈化,烈日下暴晒的稻谷或暴晒后骤然遇冷的稻谷容易出现爆腰现象。新稻谷入仓后不久,如遇气温下降,粮堆表面往往会结露,表层粮食水分含量增高,不利于储藏,应及时降低表层储粮水分含量。

（1）保证入库稻谷质量。

水分含量高、杂质多、不完善粒多的稻谷容易发热霉变，不耐久藏。因此，提高入库稻谷质量是稻谷安全储藏的关键。稻谷的安全水分标准应根据品种、季节、地区、气候条件考虑决定，一般粳稻谷在15%以下，籼稻谷再略低一些。杂质和不完善粒越少越好。如入库稻谷水分含量高、杂质多，应分等储存，及时晾晒或烘干，并进行过筛或风选以清除杂质。

（2）适时通风。

新稻谷由于呼吸作用旺盛，粮温和水分含量较高，应适时通风，降温降水。特别一到秋凉，粮堆内外温差大，这时更应加强通风，结合深翻粮面，散发粮堆湿热，以防结露，有条件的可以采用机械通风。

（3）低温密闭。

充分利用冬季寒冷干燥的天气进行通风，使粮温降到10 ℃以下，水分含量降到安全标准以内，在春季气温上升前压盖密闭，以便安全度夏。

（4）害虫防治。

大多数危害粮食的害虫都会出现在稻谷储藏期，主要的害虫有米象、玉米象、谷蠹、锯谷盗、印度古蛾、麦蛾等。因此，稻谷入库后应及时采取有效措施防治害虫。通常防治害虫多采用防护剂或熏蒸剂。

3. 稻谷的成分与加工

（1）稻谷的成分：

稻谷中含有水分、碳水化合物、蛋白质、脂类、矿物质和维生素等。水分是稻谷的重要化学成分，它对稻谷的生理有重大影响，与稻谷的储藏和加工关系密切。稻谷的水分含量一般在14%左右。碳水化合物（包括淀粉、纤维素、半纤维素和可溶性糖等）是稻谷的主要成分，约占稻谷干物质量的65%，其中淀粉最多。淀粉主要可分为直链淀粉和支链淀粉两类。支链淀粉是稻谷淀粉的主要组成部分（糯稻含直链淀粉仅1%~2%，粳稻和籼稻含直链淀粉8%~28%）。蛋白质是构成生命的重要物质基础，在人体和生物的营养方面占有极其重要的地位。稻谷的蛋白质含量一般为8%~10%。谷蛋白是糙米中的主要蛋白质（占蛋白质的2/3~4/5）。谷蛋白的分布规律是米粒中心部分含量最高，愈向外层含量愈低。米胚和米糠等副产品比成品大米含有多度的赖氨酸和更低浓度的谷氨酸。脂类包括脂肪和类脂，脂肪由甘油和脂肪酸组成。脂肪在生物体内最主要的功能是供给热量，而类脂对新陈代谢的调节起主要作用。类脂中主要含有蜡、磷脂、固醇等物质。稻谷的脂肪含量约为2%；蜡主要存在于皮层脂肪（米糠油）中，含量为米糠油的3%~9%；磷脂占稻谷全脂的

3%～12%。稻谷中的矿物质和维生素主要因生产时土壤成分的不同及品种的不同而有所差异。稻谷中的矿物质主要存在于稻壳、胚和皮层中，胚乳中含量极低。因此，大米的加工精度越高，矿物质含量就越低。稻谷中的维生素主要分布于糊粉层和胚中。

（2）稻谷的加工：

① 稻谷的加工是稻谷经清理，砻谷脱壳，碾去皮层，制成大米的工业生产过程。由于稻谷外壳含有的粗纤维和灰分不能食用，皮层虽含有营养物质，但其中的脂肪容易变质，硝酸盐阻碍铁的吸收，所以稻谷必须经过加工才能制成颜色洁白、胀性良好、煮出的米饭松软可口且易于消化的产品。稻谷加工过程中所得的稻壳、米糠和碎米等副产物也有多种开发和利用途径。

② 利用稻谷副产物，可以开发出富含营养的稻谷加工新产品。由稻谷的加工流程可知，稻加工的副产物有米糠、稻壳等。其中，米糠富含丰富的油脂、营养物质及膳食纤维，可用来制作米糠油、米糠酸奶、米糠面食制品，如面包、饼干、面条、馒头等；它还含有许多非常适合制造日用产品的成分，如维生素E、磷脂、神经酰胺、谷维素和多糖等。这些副产物如果能得到很好的利用，还可以为企业创造更多的收益。企业还可以通过改造生产线，进行新产品的开发，如富含营养的胚芽米、免淘米、速煮糙米等营养健康稻谷新产品。企业可以通过逐步推进全谷物产品的生产，从而实现产业化发展。

③ 稻米精加工会导致稻米中营养物质的损失。生产大米的工序是将稻谷先清理去石得到纯稻；通过砻谷去除外壳后可得糙米；糙米通过碾米过程，使糊粉层、皮层和胚芽等被去除，得到白米；白米经过抛光、分级及色选得到精白米。稻谷糊粉层、皮层和胚芽中含有大量营养元素，一部分必需氨基酸、蛋白质、矿物质、脂肪、维生素都集中在皮层和胚芽中。而过分加工碾米会把皮层、糊粉层及胚芽全部去掉，使得稻谷中营养物质大量流失；尤其是抛光后，大米存留的主要物质是淀粉和少许蛋白质，功能性营养物质则损失巨大。

抛光对稻谷氨基酸含量的影响：米糠是稻谷加工过程中的主要副产物，它的质量占糙米质量的6%～8%，所含营养物质和人体必需元素含量却分别占糙米的64%及90%以上。人体必需氨基酸在米糠中的含量为4.0%左右。只抛光1次，目的是将大米外表的糠粉去除。为了让大米表面看上去视觉效果更好、获得更多消费者青睐，目前抛光已变成2～4次。大米营养价值会随着抛光次数的增多而大幅下降，而大米出米率也会因每增加1次抛光而下降约2%。粗糠和米皮中含有大多数氨基酸，抛光1次后损失约17%，抛光2次后损失约23%；特别是γ-氨基丁酸，抛光1次后损失约64%，抛光2次后损失约65%。

七、羊肚菌采后分级、储运和加工

采收后,应及时将羊肚菌鲜品(图2-48)按照个头、形状、色泽等挑拣分级。对于预约订单鲜品,按照下游收购商的要求将子实体分装,同时用冷藏车及时运送至收购商处,冷藏车内温度保持在3℃～8℃,湿度保持在70%～80%;将预计3 d内可完成鲜品销售的鲜品置于冷库中,冷库温度保持在3℃～5℃,湿度保持在70%～80%。

图2-48 羊肚菌鲜品(左)与鲜品包装(右)

也可利用烘干设备对羊肚菌鲜品进行脱水加工,初始阶段控制温度在35℃～45℃并维持3～4 h;中期阶段每小时升温2℃～3℃,达到50℃后维持3～4 h;终期阶段控制温度在50℃～55℃并维持3～4 h,直至含水量下降到10%。羊肚菌烘干完成后,在空气中静置10～20 min,冷却后封装,并置于干燥、阴凉、通风的环境下贮存。晴好天气采摘的羊肚菌也可摊放于竹帘、遮阳网上方日晒(图2-49),切记羊肚菌摆放时需留有空隙,保持上下层通风透气,半干后再进行翻晒。

羊肚菌的采收、保鲜与初加工技术详见第七章。

图2-49 羊肚菌风干(左)及其干品(右)

参考文献

[1] 申春芳.水稻栽培技术对稻米品质的影响[J].世界热带农业信息，2022（5）：84-86.
[2] 胡时开，胡培松.功能稻米研究现状与展望[J].中国水稻科学，2021，35（4）：311-325.
[3] 邵雅芳.稻米的营养功能特点[J].中国稻米，2020，26（6）：1-11.
[4] 李文敏，李萍，崔晶，等.收获期对粳稻食味理化特性的影响[J].天津农业科学，2020，26（10）：25-30.
[5] 陈思思，樊琦.我国稻谷过度加工造成营养物质损失浪费的研究[J].粮食与油脂，2020，33（7）：10-13.
[6] 韩旭.稻谷贮藏特性与米饭品质研究[D].长春：吉林大学，2018.
[7] 向敏，黄鹤春.功能性稻米研究进展[J].湖北农业科学，2016，55（12）：2997-3000.
[8] 杜雪.有机和无机氮肥对稻米品质影响的比较[D].沈阳：沈阳农业大学，2016.
[9] 李里特.稻米高度利用和稻米油的营养保健价值[J].粮食与食品工业，2012，19（6）：3-4，7.
[10] 李丽君，刘传光，周新桥，等.有色稻米的保健功能及研究现状[J].广东农业科学，2012，39（21）：11-13，17.
[11] 孙强，李鹏志，李朝峰.功能稻米的营养及保健功效[J].农业科技通讯，2009（5）：97-99.
[12] 黎杰强，朱碧岩，陈敏清.特种稻米营养分析[J].华南师范大学学报：自然科学版，2005（1）：95-98，122.
[13] 任茜.羊肚菌营养功能特性[J].中国食用菌，2020，39(9)：212-215.
[14] CZECZUGA B. Investigations on carotenoids in fungi Ⅵ. representatives of the Helvellaceae and Morchellaceae [J]. Phyton, 1979, 19 (3/4): 225-232.
[15] 张广伦，肖正春，赵培忠.新疆野生粗柄羊肚菌的化学成分分析[J].江苏食用菌，1992（5）：21-22.
[16] IVANOV S T A, BLIZNAKOVA L. Fatty acid composition of a lipid concentrate from commercially grown Morcella esculenta and Cuprinus comatus mycelium [J]. Natura, 1967, 1 (1): 39-40.
[17] 顾可飞，李亚莉，刘海燕，等.牛肝菌、羊肚菌营养功能特性及利用价值浅析[J].食品工业，2018，39（5）：287-291.
[18] HIBBETT D S, Binder M, Bischoff J F, et al. A higher-level phylogenetic classification of the Fungi [J]. Mycological Research, 2007, 111(5): 509-547.
[19] 朱斗锡，何荣华.羊肚菌人工与野生营养成分化验比较[J].中国食用菌，2002，21（2）：33.
[20] 谢占玲，谢占青.羊肚菌研究综述[J].青海大学学报：自然科学版，2007，25（2）：

36-40.

[21] 丁米田，张建祥，马克义，等.羊肚菌栽培管理关键技术［J］.现代农业科技，2022（7）：71-72，76.

[22] KUO M, DEWSBURY D R, O'DONNELL K, et al. Taxonomic revision of true morels (Morchella) in Canada and the United States. Mycologia, 2012, 104(5): 1159-1177.

[23] 刘伟，张亚，何培新.羊肚菌生物学与栽培技术［M］.长春：吉林科学技术出版社，2017.

[24] 贺新生.羊肚菌生物学基础、菌种分离制作与高产栽培技术［M］.北京：科学出版社，2017.

[25] 杨千登，林冬梨.羊肚菌绿色高优栽培新技术［M］.福州：福建科学技术出版社，2019.

[26] 隋明，谢慧蓉，李俊儒，等.羊肚菌的生物学特性、营养价值及其栽培技术研究［J］.化工设计通讯，2020，46（4）：141-142.

[27] 张建军，贾乐，李广贤，等.羊肚菌生物学特性及生物活性研究进展［J］.山东农业科学，2021，53（10），149-156.

[28] 李淑芳，刘建华，陈晓明，等.羊肚菌的生物学特性与天津地区栽培适应性分析［J］.天津农林科技，2018（6）：32-34.

[29] 么越，荣丹，唐梦瑜，等.羊肚菌药用价值及产品开发现状［J］.中国食用菌，2022，41（7）：13-17，21.

[30] 李岩龙，王永元，徐寅，等.克服羊肚菌连作障碍的措施［J］.甘肃林业科技，2021，46（4）：40-43.

[31] 刘月苹.北方日光温室羊肚菌生产存在问题与应对措施［J］.西北园艺，2021（4）：37-39.

[32] 陈思思，樊琦.我国稻谷过度加工造成营养物质损失浪费的研究［J］.粮食与油脂，2020，33（7）：10-13.

[33] 四川省农业科学院土壤肥料研究所，四川省食用菌菌种场.羊肚菌等级规格：DB 51/T 2464—2018［S］.成都：四川省质量技术监督局，2018.

[34] 张福墁.设施园艺学［M］.北京：中国农业大学出版社，2001.

第三章 羊肚菌-大豆(豆丹)/水稻轮作模式

第三章 羊肚菌-大豆（豆丹）/水稻轮作模式

羊肚菌-大豆（豆丹）/水稻轮作模式是将羊肚菌与大豆（豆丹）、水稻进行隔年轮作的一种新型高效生态种植模式。羊肚菌与大豆（豆丹）、水稻隔年进行种间轮作、水旱轮作，一方面可以通过感病的寄主作物与非寄主作物的轮作消灭或减少土传病菌数量，降低土传病害发生率，从而保障羊肚菌、大豆（豆丹）和稻米品质；另一方面，羊肚菌、大豆（豆丹）和水稻的养分吸收特征各异，轮作种植可避免土壤养分片面消耗，保证土壤养分均衡利用；同时，羊肚菌出菇后其菌丝、菌脚和营养转化袋，以及大豆秸秆、水稻秸秆的还田均可作为天然有机肥，为后茬作物提供丰富的营养，实现农田系统内生物质的循环利用。羊肚菌-大豆（豆丹）/水稻轮作模式秉持了"高效、生态、优质"的绿色生产理念，在提高农田土地利用率的同时，实现了羊肚菌、大豆（豆丹）和水稻的高效生态与优质生产，综合效益大幅提升。该模式的应用与实施将有效促进乡村特色经济发展，助推乡村振兴。

第一节 豆丹的特征特性

豆天蛾隶属鳞翅目、天蛾科、云纹天蛾亚科、豆天蛾属，其幼虫俗称豆丹、豆虫，在我国分布较为广泛，主要分布在我国黄淮流域、长江流域及华南地区，主要寄主植物有大豆、洋槐、刺槐、藤属等。豆天蛾是大豆的主要害虫之一，1~2龄幼虫主要危害大豆植株的顶部，并将叶片咬成孔洞或咬食叶缘成缺刻，一般不产生迁移；3~4龄时，幼虫食量开始增大，并且能够转株为害；5龄期是幼虫的暴食期，该时期的幼虫取食量约占幼虫期总取食量的90%。豆天蛾在长势良好、茂密、地势低洼的大豆田为害较为严重，对大豆生产造成了严重的影响。豆天蛾的生命周期及其生长的各阶段如图3-1和图3-2所示。

图3-1 豆天蛾的生命周期

图 3-2　豆天蛾生长的各阶段

豆丹本身也是一种具有开发潜力的昆虫源食品，具有高蛋白、低脂肪、含有多种维生素等特点，因其具有降血压、降血脂的功效而受到人们的喜爱。在江苏北部部分地区，豆丹已成为人们餐桌上常见的美味佳肴（图3-3）。全国每年对豆丹的需求量在10万t左右，但实际供给量（约3万t）远低于需求量，年产值在50亿元左右，期望产值约200亿元。豆丹消费市场目前主要在连云港市，其在其他省市的消费潜力仍有待充分挖掘。

图 3-3　豆丹美食

豆丹产业的高收益吸引着越来越多的企业和劳动者投身其中。目前，豆丹产业正由苏北地区迅速向周边省市发展，逐渐形成了周边省市持续向连云港供应豆丹的局面。据江苏省豆丹产业联盟统计，连云港周边省市豆丹产量已达全国豆丹总产量的50%以上，连云港市已成为全国最大的豆丹交易集散地，并带动当地5万多人就业。但是，大豆连年种植引发的病原微生物富集、土壤退化、大豆长势差等问题直接影响豆丹产业的可持续发展，豆丹产业亟需借助科研力量，实现绿色高效可持续发展，从而为江苏省农村经济发展做出贡献，为巩固苏北地区脱贫攻坚成果和乡村振兴战略实施提供持续有力的产业支撑。

第二节　羊肚菌-大豆（豆丹）/水稻轮作技术

一、茬口安排

羊肚菌-大豆（豆丹）/水稻轮作模式是将羊肚菌与大豆（豆丹）、水稻进行隔年轮作的一种新型高效生态种植模式，其茬口安排如下：

第一年11月中下旬至12月初进行羊肚菌播种，翌年3月下旬完成羊肚菌的采收；3月下旬至4月上旬播种第一季大豆，5月上旬至5月下旬将豆丹卵挂于大豆叶片，6月上旬至6月下旬进行豆丹采收并清理大豆植株，6月下旬至7月上旬进行大豆播种，7月下旬至8月上旬将豆丹卵再次挂于大豆叶片，8月下旬至9月上旬进行豆丹采收、销售。11月下旬至12月初再次进行羊肚菌播种；第三年3月下旬完成羊肚菌的采收，5月进行水稻育秧，6月移栽，依次循环（图3-4）。

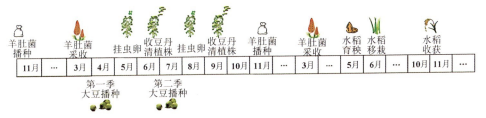

图3-4　羊肚菌-大豆（豆丹）/水稻轮作模式茬口安排

二、羊肚菌生产管理

参见本书第二章第三节。

三、水稻生产管理

参见本书第二章第三节。

四、大豆（豆丹）高效生产技术

1. 大豆生产管理

（1）大豆种植。

一般选择植株高大、圆叶、枝藤多的大豆品种进行种植。生产上常用品种有灌豆4号、东辛3号、大青豆和黑豆。大豆经过筛选后晾晒（非暴晒）2~3 d，用40%福美双拌种（每100 kg种子用药0.5 kg）。喷洒少量清水使土壤潮湿，2 d后即可播种。

大豆播种密度为6 000~8 000穴/亩，每穴3粒。采用手推式大豆播种器播种，行距40~60 cm，株距20 cm。如遇干旱，需及时灌水造墒播种；及时排灌，提高播种质量，确保苗齐、苗全、苗壮。对大豆密度过大的田块，在两个对生单叶展开至一片复叶展开前，及时进行人工间苗。出苗后（图3-5）浇一次水（浇足），保持60%~65%的土壤含水量，初花期后可适当增加灌水量。

图3-5 田间大豆

（2）肥料施用。

每亩施用三元复合肥15~20 kg作为基肥，肥料深翻入土，与土壤混匀。在大豆初花期，每亩追施尿素5 kg，同时以叶面肥方式每亩施用磷酸二氢钾0.1 kg（将磷酸二氢钾溶于30 kg水中后喷施于大豆叶面，可根据需要加入微量元素肥料）。

（3）大豆采收。

第一季豆丹养殖结束后，及时清除大豆植株。第二季豆丹完成采收后，待大豆植株变干、籽粒变硬时,选择晴天进行大豆的采收。

2. 豆丹生产管理

(1)春季制种。

选择无伤、无黑斑、虫体打圈、有活力的豆丹作为制种虫源(图3-6、图3-7)。春季豆丹制种可采取室内制种或棚内制种方式。

① 室内制种:将挑选的豆丹种虫转移至有加温设备的室内制种室进行制种的方式(图3-8)。在制种前须对制种室进行消毒,具体方法为将40%甲醛溶液(用量为10 mL/m³)倒入装有高锰酸钾溶液(用量为5 g/m³)的玻璃容器中,混合后将室内制种室密闭,进行熏蒸消毒,消毒时间约为30 min,消毒结束后须立即打开门窗通风换气。

图3-6　刨豆丹

图3-7　豆丹选种

图3-8　豆丹保种

每年11月,将种虫放置于配制好基质(过20目筛网的土壤与木屑按2∶1比例配制)的木盒中,木盒的尺寸(长×宽×高)为100 cm×200 cm×

25 cm，基质厚 18～20 cm。每隔 4～5 d 向制种室中喷水，使制种室土壤的相对湿度保持在 70%～90% 范围内。制种室内每天进行通风换气。种虫量为 2 kg/m²。

每年 3 月中旬开始对制种室进行加温暖种，温度可根据大豆生长状况做相应调整。如果加温设施功率不足，则需适当提前加温。每天升温 2 ℃左右，直至温度维持在 25 ℃～30 ℃，4 月下旬至 5 月上旬即可完成羽化、交配和产卵。

②棚内制种（图 3-9）：将挑选的 5 龄末老熟幼虫集中放置于制种大棚内进行集中入土蛰伏的制种方法。每年 10 月，将豆丹种虫集中置于覆有防虫网和塑料薄膜的钢架大棚内进行制种。制种前先将制种棚内土壤进行 20 cm 土层翻耕，然后用 50% 多菌灵 50 g、84 消毒液 300 mL、水 20 L 配制成土壤消毒液对土壤进行消毒，消毒完成后再进行翻耕。种虫放置量为 0.6 kg/m²。覆有防虫网和塑料薄膜的制种棚不需要进行加温处理，通过自然温度，种虫即可在 5 月上中旬完成羽化、交配和产卵。注意：应在越冬过程中挑出因脱水或感染而死亡的豆丹。制种棚每隔 5～7 d 浇一次水，保持棚内湿度在 70%～90% 之间。若棚内温度超过 32 ℃，则应及时通风降温。

图 3-9 豆丹棚内制种

（2）夏季制种。

选择无伤、无黑斑、虫体打圈、有活力的豆丹作为制种虫源。夏季豆丹制种可采取室内制种或棚内制种方式。

棚内制种，即挑选第一季豆丹养殖的部分老熟幼虫，集中放置于地势较高、排水通畅、土壤松软的制种大棚内进行制种的方法。制种棚需加装塑料膜，雨天将塑料膜铺开覆盖大棚，晴好天气则将塑料膜收起。将第一季豆丹养殖后优选的老熟幼虫集中放于种有大豆且装有防虫网的豆丹制种棚内，确保其取食充足并在6月下旬至7月上旬完成入土行为。制种棚内大豆播种应较第一季豆丹养殖大棚内大豆播种推迟15 d左右。种虫量为0.3 kg/m^2。种虫在7月下旬至8月上旬完成羽化、交配和产卵。待制种棚内种虫即将羽化成蛾时，加装遮阳网。注意：棚内土壤应保持松软（土壤相对湿度保持在70%~90%范围内），不得板结。棚内温度控制在24 ℃~35 ℃。

（3）交配产卵。

将羽化的豆天蛾成虫每200头放入体积为1 m^{3}的交配笼中，进行雌雄交配。每天早晨6时，收集交配中的成对蛾子，送入晾对室。晾对室温度宜控制在20 ℃~25 ℃，并保持通风。下午4时拆对，将雄蛾放回交配笼，雌蛾集中放入产卵笼产卵，产卵一夜，第二天上午将产于笼内的卵用小刷子收集。将卵收集后统一置于带有透气孔的塑料盒中保存，并贴上标签，记录产卵日期和产卵量。

（4）挂卵。

待保存的豆丹卵颜色由绿转黄时，采用甲醛和双氧水1∶1的混合溶液与水按照1∶10的比例配制消毒液对虫卵进行消毒，水温控制在20 ℃~22 ℃，消毒时间30 min。消毒后用清水冲洗5~6次，并将消毒后的虫卵放在室内晾干。在大豆初花期前后，将豆丹卵置于4 cm×5 cm大小的20目孵化袋中，每个孵化袋中放20~30粒卵。选择较好天气，于清晨用订书机将孵化袋订到豆叶背面。挂卵密度为20 000粒/亩。豆丹的选种与孵化过程如图3-10所示。

图3-10 豆丹的选种与孵化

（5）养殖。

挂卵 2 d 后，观察豆丹卵孵化情况，记录孵化率和各龄期幼虫存活率。豆丹发育至 3 龄后，会自行转移到其他叶片，5 龄后即能转移至邻近植株。对于豆丹密度过大的区域，可人工将豆丹转移至虫口稀疏处。豆丹养殖期间需防止鸟类进入大棚危害豆丹幼虫（图 3-11）。

图 3-11　防鸟网覆盖

五、豆丹的采收、保鲜与加工

1. 豆丹的采收与保鲜

待豆丹生长至 5 龄末期，不再取食大豆叶片时，及时采收豆丹，以防豆丹入土（图 3-12）。采收一般在夜间进行，采用紫光灯进行捕捉。

图 3-12　田间豆丹

将采收的豆丹置于尺寸（长×宽×高）为 61 cm×42 cm×15 cm 的封底塑料框中，每框装豆丹 5～7 kg（图 3-13），并加入锯末。豆丹采收后可直接进行销售。如需隔日销售，需将采收好的豆丹存放于 5 ℃～10 ℃ 的冷藏室内保存。

图 3-13　豆丹贮藏

2. 豆丹肉的加工与保存

先将青豆丹用清水洗净，然后将洗净后的青豆丹放入盛水的盆里淹死。用剪刀在青豆丹的屁股上剪一道小口子，用细铁棍做的擀杖将青豆丹从头到尾用力擀制。将擀出的肉放清水里轻轻摆洗，然后将肉集中存放，再包装速冻。

保存方法：豆丹肉需要密封低温（-18 ℃）冷冻保存。如果发现包装破损，宜尽快食用，否则其中具有保健功效的成分易被氧化而变质、变色，还会影响其"鲜、嫩"的独特口感。

3. 豆丹美食

中央电视台曾多次介绍豆丹美食。豆丹皮经油炸后，松脆喷香，口味极佳。豆丹入菜，形式多样，清焖、制汤、烧炒、炸生皮做盘子，无不令人一饱口福。

连云港地区豆丹肉的主要烹饪方法：

（1）白菜心烧豆丹：准备好原料，在盛有豆丹的碗中加入鸡蛋、盐、胡椒粉搅拌均匀，白菜心切成粗一点的段，切好葱、姜、蒜、辣椒备用。锅中入油，放入豆丹液煎熟成块，盛出。锅中入油烧热，加入葱、姜、蒜、辣椒爆香，倒入白菜心翻炒出水分，加入半碗水烧开，放入豆丹块，烧熟后加盐、味精、胡椒粉拌匀后出锅。

（2）豆丹烧丝瓜：中小火倒油适量，放葱、蒜、姜，炒出香味后放盐，倒入豆丹，大火炒至汤汁变白，豆丹饱满成形后盛出。洗锅烧干，倒油，放盐适量,清炒丝瓜,出汁后倒入刚刚盛出的豆丹,撒上胡椒粉和红椒后出锅。

(3)青菜豆丹:准备小青菜100 g、豆丹200 g,油、盐、味精、胡椒粉、葱适量。把葱切碎,锅烧热后入油,加入葱花炸香,加入豆丹炒一炒入味,加入开水烧开,放入小青菜烧开,最后加盐、胡椒粉、味精调味后出锅。

(4)豆丹锅贴饼:准备豆丹400 g、吊瓜500 g、高筋面粉150 g,油、盐、葱、姜、蒜、辣椒、胡椒粉、糖、味精、料酒适量。在面粉里放入水搅拌成厚糊糊,把吊瓜削成滚刀块,切好葱、姜、蒜、辣椒备用。将锅烧热后入油,加入葱、姜、蒜、辣椒炸香。放入豆丹炒一炒,加入料酒、糖,再放入盐炒制入味后出锅备用。将锅刷干净后入油,加入少量的葱花炸香,放入吊瓜炒一炒。加入一碗开水,倒入炒好的豆丹。用大火把锅边烧热,手上蘸水,将面团贴在锅边,盖上盖子烧熟。饼熟后,装出放进盘边摆好。将锅中的豆丹放入盐、味精、胡椒粉拌匀后出锅,并将豆丹菜放在饼的中央。

(5)豆丹蒸蛋:准备鸡蛋2个、豆丹200 g,油、盐、葱、胡椒粉、温水、香油适量。把葱切碎,在豆丹中放入葱花、盐、鸡蛋、胡椒粉、温水、香油,搅拌均匀,然后放入蒸锅中,碗上加个小盖子,蒸10 min,蒸熟后端出。

(6)青椒烧豆丹:准备豆丹250 g,油、盐、青椒、葱、姜、蒜、干辣椒、红油豆瓣、糖、味精、胡椒粉、红椒适量。切好葱、姜、蒜、辣椒,将青、红椒切成块。热锅中入油,加辣椒炒,再加入适量的盐翻炒,炒至七成熟时装盘备用。锅中再入油,加入红油豆瓣、葱、姜、蒜、辣椒炸香,加入豆丹爆香,然后加入大半碗水,加盐和少许的糖。待锅中水烧至不多时,加入辣椒、味精、胡椒粉拌匀后出锅装盘。

参考文献

[1] 李晓峰,李大维,郭明明,等.大豆-豆丹一年三季种养模式探索[J].安徽农业科学,2022,50(6):36-39.

[2] 冯素飞,伏广成,孙婷.灌云大豆-豆丹高效综合种养技术模式的实践与思考[J].农业科技通讯,2020(1):197-199.

[3] 伏广成,乔乃中,吴叔宝.灌云县大豆与豆丹种养结合高效生产技术及豆丹产业化开发[J].农业科技通讯,2013(6):259-262.

[4] 夏振强,吴胜军.豆丹人工养殖现状及展望[J].特种经济动植物,2012,15(9):5-6.

第四章　水稻—羊肚菌—西瓜轮作模式

第四章 水稻-羊肚菌-西瓜轮作模式

西瓜属葫芦科一年生蔓性草本植物，果肉味甜，可降温去暑，种子含油，可作消遣食品，果皮药用，有清热、利尿、降压之效，故深受广大消费者喜爱。作为江苏的重要园艺植物，西瓜在江苏的种植面积达15.85万hm^2。在江苏省农业结构面临调整的当下，西瓜产业在促进农业增效、农民增收和推进现代农业发展方面的地位日益显著。

江苏西瓜栽培茬口均为春夏茬，多以中大棚设施栽培为主。移栽早期时间为1月~2月上中旬、3月下旬~4月上中旬、4月~5月，对应上市时间为4月底~5月上中旬，晚期上市时间为6月~7月上中旬，部分露地瓜最迟上市时间在8月中下旬，后茬种植小青菜、西蓝花、包菜等蔬菜。瓜-菜轮作为高效农业发展和农民增收提供了保障，但是设施内连年单一的瓜-菜种植模式导致瓜菜减产、品质降低、病虫害增加等问题接踵而至，亟需实现西瓜设施栽培下的绿色高质发展。

水稻-羊肚菌轮作模式是一种新型高效生态种植模式。为保障羊肚菌生长适宜生境以获得稳定产量，该模式需于田间搭建拱棚（具体内容见本书第二章第三节）。但由于羊肚菌3月中下旬即结束采收，拱棚较大比例的支出成本与其较短的使用时间存在矛盾。另一方面，提早上市抢占市场是西瓜产业的重要营利措施，设施栽培是其主要的生产方式，且早期西瓜生长时间正好与水稻-羊肚菌轮作模式下3月中下旬~6月中旬的田闲期高度重合。因此，在羊肚菌收获后、水稻移栽前安排一季西瓜种植（图4-1、图4-2），即采用水稻-羊肚菌-西瓜轮作模式，既保证了早期高收益的西瓜生产，又通过共享设施大棚降低了成本投入，还通过轮作水稻实现了设施大棚周年高效利用。通过西瓜与羊肚菌、水稻种间轮作、水旱轮作，还能最大限度地减少土传病菌数量、降低土传病害发生率以保障其产量与品质，多方面保证绿色高质生产，提高收益。

图4-1 羊肚菌收获后田间吊蔓式西瓜栽培　　图4-2 羊肚菌收获后田间地爬式西瓜栽培

第一节 西瓜栽培品种与生长习性

一、栽培品种

江苏省西瓜栽培品种以早中熟品种为主，有早佳、京欣系列、美都、全美 4K、早春红玉、小兰等。中果型以早佳、京欣系列为主，栽培面积分别占 64.42%、9.92%；小果型以小兰、早春红玉为主，栽培面积占 11.25%（图 4-3）。

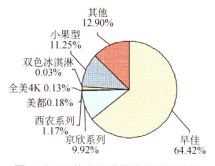

图 4-3 江苏省西瓜栽培品种及比例

二、生长习性

西瓜喜温暖、干燥的气候，不耐寒，生长发育的最适温度为 24 ℃～30 ℃，根系生长发育的最适温度为 30 ℃～32 ℃，根毛发生的最低温度为 14 ℃。西瓜在生长发育过程中需要较大的昼夜温差。西瓜耐旱、不耐湿，阴雨天多时，湿度过大，易感病。西瓜喜光照，生育期长，因此需要大量养分。西瓜随着植株的生长，需肥量逐渐增加，到果实旺盛生长时需肥量达到最大值。西瓜适应性强，用土质疏松、土层深厚、排水良好的砂质土种植最佳。西瓜喜弱酸性土壤，土壤 pH 在 5～7 之间。

第二节　水稻-羊肚菌-西瓜轮作技术

一、茬口安排

水稻-羊肚菌-西瓜轮作模式是将水稻、羊肚菌和西瓜进行周年轮作的一种新型高效生态种植模式，其茬口安排如下：

5月水稻育秧，6月下旬至7月上旬秧苗移栽，10月下旬至11月上旬水稻收获，11月中下旬至12月初羊肚菌播种，翌年3月下旬羊肚菌结束采收后进行西瓜苗移栽，6月中旬结束西瓜采收。

图 4-4　水稻-羊肚菌-西瓜轮作模式茬口安排

二、水稻生产管理

因考虑茬口的合理安排，水稻的插秧期宜安排在6月底，甚至可能延迟至7月初。因此，在水稻品种的选择上，应根据当地实际情况做合理安排，宜选择熟期较早的优良品种，确保水稻安全成熟。该模式适宜于江苏沿江和苏南地区。

其他管理参见本书第二章第三节。

三、羊肚菌生产管理

参见本书第二章第三节。

四、西瓜绿色生产技术

1. 品种选择

大棚西瓜提早供应市场可以增加收入,所以在选择西瓜品种时首先应考虑早熟性,要求品种具有较强的耐低温弱光、植株长势稳健、不易徒长、易坐果、果实膨大快、抗病、耐贮运、外观和内在品质好、符合市场消费需求等特性。省内早春大棚栽培的西瓜品种一般选择京欣系列、早佳、嘉年华 5 号、苏梦 6 号等中果型品种,也可选择美都等大果型品种。

2. 田间准备

瓜苗可自当地育苗中心或瓜农处购买,也可自行培育,此处不再对育苗过程进行过多描述。

羊肚菌收获后,揭除上方遮阳网,保留透明薄膜并于两侧风口处悬挂 0.3 mm 孔径的防虫网。羊肚菌收获后,将剩余营养转化袋还入土壤,并利用微耕机对土壤进行耕整。

3. 移栽定植

定植时,要求棚内土温稳定在 10 ℃以上,气温在 20 ℃以上,于羊肚菌收获后,约在 3 月中下旬结合苗龄情况选择晴天定植。出圃时瓜苗应达到 3 叶 1 心,株高 8~10 cm,叶面舒展,叶色浓绿,团根好,可以直接从穴盘中取出而不散坨。定植前先于畦面铺设黑色地膜,地膜可循环使用羊肚菌季黑色地膜。利用羊肚菌原有畦面进行西瓜苗定植。以宽度为 6 m 的中型拱棚为例,吊蔓方式栽培时,在每畦面中间位置定植西瓜苗(图 4-5);趴地方式栽培时,将西瓜苗定植于棚内 1/4 位置畦面,共定植 2 行(图 4-6)。定植时采用定植器在地膜上打孔,定植穴规格为 6 cm×6 cm×5 cm,定植穴间距约 40 cm,然后将瓜苗从穴

图 4-5 吊蔓式西瓜田间定植密度

图 4-6 趴地式西瓜田间定植密度

盘中取出放入定植穴内，周边覆土压实。在移栽过程中苗坨要轻拿轻放，以免伤苗。一般每亩定植 600～700 株。

4. 栽后管理

（1）温度与湿度管理。

大棚早熟西瓜生长前期要增温保温，防止低温冷害；生长后期要通风降温，防止高温高湿。缓苗期需要较高温度以促进瓜苗发根活棵，而此期外界温度尤其是夜间温度较低，故采取多层覆盖等措施提高棚内温度很有必要。有条件时，可在畦面上搭建 1～2 层小拱棚，夜间在小拱棚上覆盖草苫或无纺布，以提高御寒能力。棚内白天温度保持在 30 ℃～35 ℃，夜间温度保持在 15 ℃左右。日出后揭去小拱棚上的草苫或无纺布，棚内温度升高到 30 ℃以上时再揭去小拱棚膜；午后先盖小拱棚膜，光线渐弱时再盖草苫或无纺布。瓜苗伸蔓后，白天温度保持在 22 ℃～25 ℃，夜间温度保持在 15 ℃以上，将温度控制在较低水平，以促进植株稳健生长，有效控制秧苗徒长。当棚内最低温度稳定在 15 ℃以上时，拆掉小拱棚。进入开花坐果阶段，棚内白天温度保持在 30 ℃～35 ℃，夜间温度不低于 15 ℃，以利于植株授粉受精。进入果实膨大期，棚内白天温度控制在 35 ℃以下，夜间温度不低于 18 ℃，以利于西瓜膨大。西瓜喜较干燥的环境，空气干燥有利于提高品质，白天最适宜的相对湿度为 55%～65%，夜间为 75%～85%。每次浇水后都应通风换气以降低湿度，放风时应揭开风向相反一侧的棚膜。

（2）水肥管理。

大棚西瓜茎叶生长较快，果实含水量高，因此土壤水分含量适宜才能满足植株生长及结瓜的需要。定植缓苗后及时浇一次缓苗水，以保证整个伸蔓期瓜苗对水的需求。西瓜生长前期一般不用浇水，茎蔓开始迅速生长时，可浇一次水，促进茎蔓生长；之后控制浇水，防止植株徒长；待瓜坐住并开始膨大时再进行浇水催瓜。西瓜生育期间不需勤浇水，尤其在低温季节要控制好棚内湿度，保持棚内干燥，但应视土壤墒情适当补水，以保证水分均衡供应，切忌忽干忽湿，采收前 7～10 d 停止浇水。西瓜苗期吸肥量少，一般不需要施肥。伸蔓期需肥量开始增加，膨瓜肥在坐瓜后至幼瓜长到鸡蛋大时施入，可随水每亩冲施高效水溶肥 7～8 kg。此时是追肥浇水的重要时期。果实膨大期每亩再随水冲施高效水溶肥 7～8 kg。另外，西瓜生长期间，可视瓜秧生长情况，叶面喷施 0.2% 磷酸二氢钾或叶面肥。

（3）光照管理。

西瓜属喜光作物，充足的光照条件有利于植株生长、发育，提高果品质量。西瓜正常生长要求每天的日照时间在10～12 h，以保证光照充足，促使植株生长健壮、茎粗叶大，促进雌花分化，提早开花，提高坐果率。因此，需在西瓜定植前，将羊肚菌季棚架上方的黑色遮阳网移除。

（4）植株调整。

按照品种要求和种植目标进行整蔓，一般为单蔓整枝、双蔓整枝、三蔓整枝等。其中，双蔓整枝是较为常用的整蔓方式，即保留主蔓和一条健壮侧蔓，其余及时剪除。坐果前只保留两条蔓，多余的侧蔓一律摘除。待果实坐住后，结果节位以后出现的侧枝一般不再摘除，任其自然生长，以增加植株叶片面积，促进果实迅速膨大。大棚西瓜宜在第2雌花节位留瓜，瓜坐住后及时垫瓜、翻瓜，保证瓜形端正和皮色美观。

（5）人工辅助授粉。

大棚早熟栽培西瓜开花期早，早春棚内昆虫少、温度低，花期须辅以人工授粉，以提高坐瓜率。上午7时至10时是授粉最佳时期。人工授粉方法：摘下当天开放的大型雄花，去掉花瓣，将花粉轻轻涂在雌花柱头上，并做好标记。这样既能防止空秧，又能根据坐果的天数准确推断成熟度，适期采收，避免生瓜上市，影响大棚西瓜的商品性。人工授粉后，应注意观察植株坐果情况，待瓜坐稳后，及时去除其他花朵和畸形瓜，以减少养分消耗。

五、西瓜适时采收方法

西瓜成熟后，瓜皮发亮，手摸有光滑感，表面微显凹凸不平，瓜皮花纹清晰，瓜蒂不收缩凹陷，果皮与地面接触部位由白变黄，果柄上的绒毛大部分脱落，坐瓜节位上卷须已干枯。大棚头茬西瓜从坐果至成熟一般需35～40 d，成熟后应及时采收。采收时期按照授粉时插牌标记的日期推算较为准确。一天中上午10时至下午2时为最佳采收时间。采收时用剪刀将果柄从基部剪断，每个瓜应保留一段绿色的果柄，并轻拿轻放，及时装车外运。

六、西瓜病虫害绿色防控方法

西瓜大棚内高温高湿，容易发生多种病害，主要有枯萎病、蔓枯病、炭疽病、白粉病、疫病等；虫害较少，主要是蚜虫。在防控上遵循"预防为主、综合防治"的原则，贯彻绿色防控理念，优先采用农业防治和物理防治方法，科学使用化学防治方法。防治技术上做到品种为先、全程管理（土、肥、水、作)、准确识别、及时防治、合理用药、措施到位。

参考文献

[1] 孙兴祥,马江黎.江苏省西瓜甜瓜产业发展现状与对策建议[J].农学学报,2019,9(11):89-95.
[2] 孙兴祥,王甫同,周峰.江苏省西瓜甜瓜产区土壤质量状况调查与评价[J].中国瓜菜,2013,26(5):16-18,22.
[3] 顾鲁同.关于加快江苏省西甜瓜产业发展的思考[J].中国园艺文摘,2012,28(2):41-43.
[4] 孙兴祥,倪宏正.大棚蔬菜多层覆盖栽培新技术[M].北京:中国农业出版社,2012.
[5] 张心宁,唐桂章,孙超群.徐州地区标准钢架大棚多层覆盖西瓜早熟高效栽培技术模式[J].蔬菜,2021(9):54-57.

第五章 水稻—羊肚菌—藜麦(芽菜)轮作模式

藜麦（*Chenopodium quinoa* Willd.）是苋科藜属的一年生双子叶植物，距今已有 7 000 多年的栽培历史。藜麦因含有丰富的营养而越来越受到人们的喜爱。藜麦中蛋白质含量为 12%～23%，较玉米、水稻、大麦等作物高；淀粉含量为 32%～75%，但升糖指数（GI）很低；脂肪含量为 1.8%～9.5%，且其中富含不饱和脂肪酸，属于高品质油类原料。藜麦中富含多种矿物质，其中 Ca、K、P、Mg 的含量较高。藜麦中 8 种人体必需氨基酸尤其是赖氨酸和组氨酸的含量也较高。藜麦被联合国粮农组织推荐为适宜人类食用的"全营养食品"。

藜麦芽菜（图 5-1）即藜麦种子在适宜环境下经萌发后培育成的可食用蔬菜。已有文献表明，藜麦芽菜的营养价值甚至高于藜麦种子。藜麦经萌发形成芽苗菜后，其中糖类、必需氨基酸、矿物元素、维生素等含量显著提高，藜麦种子中的苦味物质皂苷的含量降低，从而提升了藜麦风味。但是，当前国内研究及利用的重点仍然集中于高产优质的藜麦籽粒，对藜麦芽菜的开发与利用仍停留在初级阶段。

作为新型的高效生态种植模式，水稻-羊肚菌轮作的茬口为当年 6 月中下旬至翌年 3 月中旬，3 月中下旬至 6 月上中旬为该模式下闲田期，将藜麦作为填闲作物发展藜麦芽菜，可通过提高土地利用率增加单位面积产出，促进农业增效、农民增收。

图 5-1　田间藜麦芽菜

第一节 藜麦品种与生长习性

一、栽培品种

江苏省内的藜麦种植仍处于初级阶段，以苏藜 1 号、苏藜 2 号为主。不同品种的藜麦如图 5-2 所示。

图 5-2 不同品种的藜麦

二、生长习性

藜麦芽菜可露地栽培，也可设施栽培，生育期短，播种至采收仅需 27～45 d，生长过程对环境条件的要求较藜麦更为宽泛，因此可在除高原外的区域种植。目前，浙江、湖南、河北、天津、吉林等省已有相关栽培报道，但均处于探索阶段。

第二节 水稻-羊肚菌-藜麦（芽菜）轮作技术

一、茬口安排

水稻-羊肚菌-藜麦（芽菜）轮作模式是将水稻、羊肚菌和藜麦（芽菜）进行周年轮作的一种新型高效生态种植模式，其茬口安排如下：

5月水稻育秧，6月秧苗移栽，10月下旬至11月上旬水稻收获，11月中下旬至12月初羊肚菌播种，翌年3月下旬羊肚菌结束采收后进行藜麦播种，4月下旬藜麦芽菜收获后继续进行藜麦播种，6月中旬结束藜麦芽菜采收（图5-3）。

图5-3 水稻-羊肚菌-藜麦（芽菜）轮作模式茬口安排

二、水稻生产管理

参见本书第二章第三节。

三、羊肚菌生产管理

参见本书第二章第三节。

四、藜麦芽菜绿色生产技术

1. 整地施肥

剥除羊肚菌营养转化袋外塑料袋，将袋中的营养料还入土壤，并于播种前施用 2 000 kg 有机肥。肥料撒施均匀后，施足底水，晾晒 1～2 d，翻耕 15～20 cm，然后耙平。为避免排水不畅影响生长，黏质土壤可减少底水用量。

2. 人工撒播

利用羊肚菌畦面进行藜麦播种，播种量为 2～2.5 kg/亩。将种子均匀撒播于畦面后用耙搂平，利用棚内设施进行喷灌或滴灌，以土壤湿润为宜。

3. 水肥管理

于出苗后 10～15 d 利用喷灌或滴灌设施适当补水，因苗仍然较弱，切记大水喷淋，之后每隔 5～7 d 喷灌或滴灌一次。

4. 间苗除草

4～5 片真叶时，疏剔过密幼苗，以株距 1 cm 左右为宜；同时进行田间除草，生长期共需除草 3～4 次。

5. 温湿度管理

在保证设施内通风透气的同时，宜控制设施内平均温度在 15 ℃～20 ℃，平均湿度在 60%～75%。

五、藜麦芽菜适时采收标准

藜麦芽菜苗高 25～30 cm 时即可进行采收。早春栽培时，一般播种后 35 d 左右为最佳采收期。大部分品种需采用贴根剪的方式采收，之后清理棚室再重新播种；个别再生能力强的品种可采用留茬 10 cm、带 2～4 片叶的方式刈割收获。

参考文献

[1] 梅丽, 韩立红, 祝宁, 等. 藜麦菜的设施栽培技术 [J]. 浙江农业科学, 2022, 63 (10): 2286-2290.

[2] 韦俊宇. 适宜芽菜工厂化生产的藜麦 (*Chenopodium quinoa* Willd) 品种筛选、营养特性和栽培技术研究 [D]. 南京: 南京农业大学, 2019.

[3] 任贵兴, 杨修仕, 么杨. 中国藜麦产业现状 [J]. 作物杂志, 2015 (5): 1-5.

[4] HARIADI Y, MARANDON K, TIAN Y, et al. Ionic and osmotic relations in quinoa

(*Chenopodium quinoa* Willd.) plants grown at various salinity levels [J]. Journal of Experimental Botany, 2011, 62(1): 185-193.

[5] VEGA-GÁLVEZ A, MIRANDA M, VERGARA J, et al. Nutrition facts and functional potential of quinoa (*Chenopodium quinoa* Willd.), an ancient Andean grain: a review [J]. Journal of the Science of Food and Agriculture, 2010, 90 (15): 2541-2547.

[6] 魏爱春,杨修仕,么杨,等. 藜麦营养功能成分及生物活性研究进展 [J]. 食品科学, 2015, 36 (15): 272-276.

[7] ABUGOCH J L E. Quinoa (*Chenopodium quinoa* Willd.): composition, chemistry, nutritional, and functional properties [J]. Advances in Food and Nutrition Research, 2009, 58: 1-31.

[8] OSHODI A A, OGUNGBENLE H N, OLADIMEJI M O. Chemical composition, nutritionally valuable minerals and functional properties of benniseed (Sesamum radiatum), pearl millet (Pennisetum typhoides) and quinoa (*Chenopodium quinoa*) flours [J]. International Journal of Food Sciences and Nutrition, 1999, 50 (5): 325-331.

[9] COMAI S, BERTAZZO A, BAILONI L, et al. The content of proteic and nonproteic (free and protein-bound) tryptophan in quinoa and cereal flours [J]. Food Chemistry, 2007, 100 (4): 1350-1355.

第六章 水稻及羊肚菌病虫草害绿色防控技术

第一节 水稻病虫草害绿色防控技术

一、水稻病害

1. 真菌性病害

（1）水稻恶苗病：

水稻恶苗病又称水稻疯长病、徒长病，是一种由种子带菌引起的水稻病害。近年来，随着粳稻面积的不断扩大以及轻简化育秧技术、秧盘机插技术的推广，水稻恶苗病的发生日趋严重。苗期病苗较健苗明显高、细弱，叶色淡，叶片细长，部分病苗在发病不久自行枯死，在枯死的病苗上可见淡红色或白色霉状物，系病原串珠镰孢的分生孢子。大田期发病，稻株节间明显伸长，常可见节部弯曲并露于叶鞘外，下部茎节逆生细长的呈白色或黄色的不定须根；植株少分蘖或不分蘖，轻症株提早抽穗，但穗小且无法结实，重症株无法抽穗，严重的在抽穗前枯死。

水稻恶苗病宜采用农业防治和药剂防治相结合的综合防治方法。

① 农业防治。主要选用抗病品种，精选无病种子，在浸种前晒种，用清水洗种，去除病粒、秕粒。

② 药剂防治。用药剂处理水稻种子是防治水稻恶苗病最有效的化学防治方法。每100 kg稻种一般用4.23%甲霜·种菌唑微乳剂100～150 mL处理。江苏地区一般推荐用1 mL制剂加8～10 mL水拌0.5～0.75 kg稻种（直播稻用1 mL制剂拌0.75 kg稻种，杂交籼稻用1 mL制剂拌0.5 kg稻种）。浸种时间为48～60 h。另外，采用种菌唑、咯菌腈、乙蒜素等单剂及其复配剂进行种子处理，对水稻恶苗病亦有很好的防治效果。其中，咯菌腈及其复配剂对水稻恶苗病菌具有较高的抑制效果，防治效果可达90%左右。

（2）稻瘟病：

稻瘟病（图6-1）是由稻瘟病菌引起的水稻真菌性病害。稻瘟病是一种世界性稻作病害，全球每年因稻瘟病造成的水稻产量损失达11%～30%。20世纪

90年代以来，中国稻瘟病的年发生面积均在380万hm^2以上，稻谷损失达数亿千克。稻瘟病在水稻的各个时期及各个部位都有发生，4叶期至分蘖期和抽穗期最易感染。根据发病部位不同，稻瘟病可分为苗瘟、叶瘟、穗颈瘟、枝梗瘟和谷粒瘟。其中，以叶瘟和穗颈瘟最为常见，危害也最大。稻瘟病的防治主要在水稻生长前期和后期，即狠抓苗瘟和穗颈瘟，叶瘟防治则视情况而定。

图6-1　稻瘟病

目前稻瘟病的防治措施主要包括农业防治（选用抗病品种、合理进行水肥管理）及药剂防治。

① 农业防治。选用抗病品种是防治稻瘟病最有效的方法，同时应注意品种合理搭配与适时更替。选无病田制种或留种，及时清理田间病稻草，消灭菌源。水稻生长前期浅水勤灌，忌田间积水太深，及时搁田，后期干湿交替，防止前期僵苗及后期贪青，增强植株抗病能力。另外，合理施肥，增施磷钾肥、硅锌肥等可以提高水稻抗病能力。

② 药剂防治。对种子进行消毒，可用40%敌瘟磷乳油800～1 000倍液浸种48 h，用清水冲洗药液后催芽、播种。苗瘟：常年发病区应在秧苗3～4叶期或移栽前5 d喷药预防。叶瘟：在水稻3叶期至分蘖期，当稻叶出现急性型病斑，田间有发病中心或在孕穗末期病叶率在2%以上、剑叶发病率在1%以上时，应及时进行喷药处理。每亩用稻瘟灵100 g或30%己唑·嘧菌酯40～50 mL兑水45 kg，混匀后喷施，可有效防治苗瘟和叶瘟。穗颈瘟：破口期和齐穗期是防治的关键时期，每亩用20%三环唑可湿性粉剂100～120 g，

或 75% 三环唑水分散粒剂 20～30 g，或 40% 稻瘟灵乳油 80～100 mL，或 40% 嘧菌酯可湿性粉剂 15～20 g，或 40% 春雷·噻唑锌悬浮剂 40～50 mL，或 9% 吡唑醚菌酯微囊悬浮剂 60 mL，或 2% 春雷霉素水剂 100～120 mL，兑水 50 kg 喷雾。病情严重时，隔 5～7 d 进行第 2 次用药，用足药量，但勿超剂量、超次数使用。

（3）水稻纹枯病：

水稻纹枯病（图 6-2）又称水稻云纹病，是水稻发生最为普遍的主要病害之一，一般早稻重于晚稻，严重时可引起植株倒伏枯死。水稻纹枯病是由立枯丝核菌侵染所引起的，该病主要发生在叶鞘和叶片上。发病初期，先在近水面的叶鞘上发生椭圆形暗绿色的水渍状病斑，之后逐渐扩大成云纹状，中部呈灰白色，潮湿时变为灰绿色。

图 6-2　水稻纹枯病

水稻纹枯病宜采用农业防治和药剂防治相结合的综合防治方法。

①农业防治。水稻收割后及时清除田间病株，泡田后及时打捞漂浮在水面上的菌核，以减少菌源；合理密植，施足基肥，不偏施氮肥；灌水要做到浅水勤灌；及时晒田，肥田重晒、瘦田轻晒。

②药剂防治。水稻纹枯病的防治适期为分蘖末期至抽穗期，以孕穗至始穗期防治最好，一般在孕穗期和齐穗期各防治一次。高温高湿有利于病害发生的天气要连续防治 2～3 次，用药间隔以 10～15 d 为宜。生产上每亩常用 5% 井冈霉素水剂 300～350 mL，或 20% 井冈霉素可溶性粉剂 50～60 g，或 2.5% 纹曲宁（井冈霉素+枯草芽孢杆菌）水剂 250～300 mL，或 40% 井冈霉素+腊

质蚜孢杆菌水剂 40～50 g 等药剂防治。需要注意的是，应把握好病害水平扩展和垂直扩展初期（7 月下旬和 8 月中下旬）的第一次用药。第一次用药时间应在分蘖盛期病穴率达 5% 左右时，正确施药方法：用足水量和药量，对准基部用药，建立水层，交替用药。

图 6-3　稻曲病

（4）稻曲病：

稻曲病（图 6-3）又称稻绿黑穗病、伪黑穗病，是由稻绿核菌引起的危害水稻谷粒的一种病害，危害时少则 1～2 粒，多则十余粒。受害谷粒在内外颖处先裂开，露出淡黄绿色块状物，后逐渐膨大，包裹内外颖两侧，呈绿色稍扁平球状，光滑，外覆盖一层薄膜，即稻曲；随着稻曲球不断膨大，颜色逐渐变为黄绿色至墨绿色，最后龟裂，散出墨绿色粉末，即病原菌的厚垣孢子。稻曲病在世界各水稻产区均有分布，一般发病率为 3%～5%，严重的达 30% 以上，可造成减产 20%～30%。

稻曲病宜采用农业防治和药剂防治相结合的综合防治方法。

① 农业防治。选用抗病品种；合理密植，避免田间密度过大；田间浅水勤灌，避免长期田间保持深水；不偏施氮肥；及时清除田间病残体。

② 药剂防治。种子处理：播种前用 1% 石灰水浸种消毒，或用浸种灵 2 500 倍液进行常规浸种处理，也可以每亩用 3% 苯醚甲环唑种衣剂 50 mL 拌种预防。防治时间的选择是能否有效防治稻曲病的重要影响因素。稻曲病的防治适期必须掌握在破口前 5～7 d，每亩可用 30% 苯甲·丙环唑乳油 15 mL，或 75% 肟菌·戊唑醇水分散粒剂 12～15 g，或 19% 啶氧菌酯·丙环唑悬浮剂 53～70 mL，或 20% 井冈·蜡芽菌悬浮剂 100 g，或 12.5% 氟环唑悬浮剂 50 mL，或 75% 戊唑·嘧菌酯水分散粒剂 10～12 g，兑水 30 kg 均匀喷雾。若气候适宜，破口初期结合稻瘟病等病虫防治再用药一次。

2. 细菌性病害

（1）水稻白叶枯病：

水稻白叶枯病（图 6-4）俗称白叶瘟、过火风等，是由黄单胞杆菌白叶枯变种侵染引起的一种水稻细菌性病害。水稻白叶枯病主要危害叶片，也可侵染叶鞘。由于发病条件、侵入时期和侵染部位不同，不仅其症状上有差异，还表现出局部侵染与系统侵染的区别。由带病种子育成的秧苗，以及病菌自幼苗、胚根的伤口或苗叶的水孔侵染的秧苗，在低温季节，因菌量少而发展缓慢，故尽管带菌，一般不显症状。苗期病斑一般呈短条状，多发生于中、下部叶片的尖端和边缘，形小而狭，黄褐色，扩展后成长条斑，与成株期相似，但程度较轻。水稻成株期发病，症状有叶缘型、急性型、中脉型、凋萎型和黄化型五种类型。

图6-4 水稻白叶枯病

水稻白叶枯病宜采用农业防治和药剂防治相结合的综合防治方法。

① 农业防治。选用抗病品种；清理病田残草，病稻草不可直接还田；培育无病壮秧；合理进行水肥管理，确保稻株壮而不过旺、绿而不贪青。

② 药剂防治。防治水稻白叶枯病的关键是早发现、早防治，封锁或铲除发病株和发病中心。秧田在秧苗3叶期及拔秧前3～5 d用药；发病株和发病中心、风雨后的发病田、生长嫩绿的稻田都是防治的重点。在水稻分蘖期及孕穗期的初发阶段，特别在气候有利于发病时，应立即施用药剂防治。发现一点，治一块，防一片。每亩可选用2%宁南霉素水剂250 mL，或20%噻森铜悬浮剂120～130 g，或20%噻唑锌悬浮剂100～125 mL等，兑水30 kg均匀喷雾，隔7～10 d再喷一次，可以较好地防治水稻白叶枯病。

（2）水稻叶尖枯病：

水稻叶尖枯病又称水稻叶尖白枯病，主要危害叶片，病害开始发生在叶尖或叶缘，然后沿叶缘或叶片中部向下扩展，形成条斑。病斑初呈墨绿色，渐变成灰褐色，最后变枯白。病健交界处有褐色条纹，病部易纵向开裂，严重时可致叶片枯死。危害稻谷时，颖壳上形成深褐色斑点，随后病斑中央呈灰褐色，病粒瘪瘦。

水稻叶尖枯病宜采用农业防治和药剂防治相结合的综合防治方法。

① 农业防治。选用抗病品种，增施钾、锌、硅肥，巧施穗肥等，都能在一定程度上减轻病害。

② 药剂防治。种子处理可用40%多·酮可湿性粉剂250倍液浸种24 h，

或用50%多菌灵或50%甲基硫菌灵可湿性粉剂250～500倍液浸种24～48 h。在水稻孕穗至抽穗扬花期，一旦发现中心病株，就应及时用药，每亩用40%多菌灵悬浮剂40 mL或40%多·酮可湿性粉剂60～75 g，兑水30 kg均匀喷雾。

（3）水稻细菌性条斑病：

水稻细菌性条斑病（图6-5）简称水稻细条病，又名水稻条斑病，是由黄单胞杆菌危害引起的一种细菌性病害。细菌性条斑病主要危害水稻叶片。在苗期至抽穗期叶面的任何部位均可发病，以分蘖期至抽穗前期发病为多。叶片上初生暗褐色水渍状透明的小斑点，后沿叶脉扩展形成暗绿色至黄褐色细条斑；湿度大时，病斑上生有许多露珠状蜜黄色菌脓，干燥后呈琥珀状，附于病叶表面而不易脱落。严重时，许多条斑还可以连接或合并起来，连成长条形，形成不规则的黄褐色至枯白色斑块；之后病斑逐渐扩展，整叶变为红褐似火烧状。发病重时，叶片卷曲枯死。

图6-5 水稻细菌性条斑病

水稻细菌性条斑病的防治应落实"减少菌源为主，适期用药防治"的植保方针，尽量采取农业措施控制病害发生。对非施药不可的，应根据生产有机稻米、绿色稻米使用农药的规定要求，选择对口农药进行防治。

①农业防治。选用抗（耐）病品种，并轮换种植；整地前清除田间带病稻草和稻桩等病残体，消灭菌源，减少初侵染源；清理田埂沟边的杂草，减少病原寄主，减轻病害传播、蔓延；培育壮秧，提高秧苗抗性；合理施肥，培育健

壮稻株，增强其抗病力；合理稀插，保证稻田通风透光，降低田间湿度；实行单排单灌，不准串灌、漫灌，严防感病田的水流入无病田蔓延病害；不在早晨露水未干时进入稻田，慎防病田病菌扩散至无病田；暴雨过后及时排水，降低田间湿度，避免稻田积水诱发致病。水稻收割后，及时深翻稻田，将病菌埋入土中后腐烂、分解，以减轻来年发病。

② 药剂防治。播种前，用 80% 乙蒜素乳油 2 000 倍液浸种 48 h 进行消毒，控制病害发生；在发病前或田间发现零星病斑后，每亩用 80 亿芽孢 /g 甲基营养型芽孢杆菌 LW-6 可湿性粉剂 80～120 g，或 0.3% 四霉素水剂 50～65 g，或 50% 氯溴异氰尿酸可湿性粉剂 50～60 g，兑水后均匀喷雾，隔 7～10 d 喷 1 次，视病情连续防治 2～3 次；在发病初期，每亩用 60 亿芽孢 /mL 解淀粉芽孢杆菌 LX-11 悬浮剂 500～650 g，或 20% 噻菌铜悬浮剂 125～160 mL，或 30% 噻森铜悬浮剂 70～85 mL，兑水 50～60 L 喷雾，隔 7～10 d 喷 1 次，视病情连续用药 1～2 次，还可兼防水稻白叶枯病。也可在水稻细菌性条斑病发生前的苗期，用 36% 三氯异氰尿酸可湿性粉剂 1 000 倍液均匀喷洒苗床，可阻止病菌侵入，同时可兼防水稻纹枯病、稻瘟病、水稻白叶枯病。

二、水稻虫害

1. 鳞翅目害虫

（1）稻纵卷叶螟：

稻纵卷叶螟（图 6-6）属鳞翅目、草螟科，是一种典型的迁飞性害虫，也是水稻上危害严重的主要害虫之一。稻纵卷叶螟除危害水稻外，还可取食大麦、小麦、粟等作物，以及稗、马唐、狗尾草、李氏禾、雀稗、茅草、芦苇等杂草。1 龄幼虫在分蘖期爬入水稻心叶或嫩叶鞘内啃食。2 龄幼虫可将叶尖卷成小虫苞，然后吐丝纵卷稻叶形成新的虫苞，幼虫潜藏在虫苞内啃食。幼虫蜕皮前，时常转移至新叶重新作苞。4、5 龄幼虫进入暴食期，食叶量占总取食量的 95% 左右，此期危害最大。老熟幼虫大多在稻丛基部的黄叶或无效分蘖的嫩叶苞中

图 6-6　稻纵卷叶螟

化蛹，也有少部分在老虫苞中。多雨日及多露水的高湿天气有利于其发生。第三代开始，成蛾峰数多，盛蛾期长，发生量大，危害重。稻纵卷叶螟在长江中下游稻区常年于5月下旬至6月中旬迁入，以7~9月为主害期，主要危害迟熟早稻、单季晚稻和双季晚稻。

稻纵卷叶螟宜采用农业防治与药剂防治相结合的综合防治方法。

① 农业防治。加强肥水管理，施足基肥，早施追肥，使水稻生长健壮整齐；做到前期不徒长，后期不贪青，提高水稻抗虫能力，缩短危害期。

② 药剂防治。在卵孵高峰期，每亩可用80%杀虫单可溶性粉剂50~60 g；在卵孵高峰后1~2 d，每亩可用40%氯虫·噻虫嗪水分散粒剂10 g，或200 g/L氯虫苯甲酰胺悬浮剂10 mL，或6%乙基多杀菌素悬浮剂20~30 mL，或10%四氯虫酰胺悬浮剂30~40 mL；孵化高峰至2~3龄幼虫高峰期，可选用6%阿维·氯苯酰悬浮剂40~50 mL，兑水30 kg喷雾。前期防控失当的田块可用15%茚虫威悬浮剂12 mL进行补治。若田间虫量较大或世代重叠严重，一次尚不能有效控制稻纵卷叶螟为害，建议隔5~7 d再用药一次。另外，25%甲氧·茚虫威悬浮剂、30%氰氟虫腙·甲氧虫酰肼悬浮剂和10%硫虫酰胺悬浮剂等药剂对稻纵卷叶螟、二化螟等鳞翅目害虫也有很好的防治效果。

（2）二化螟：

二化螟（图6-7）属鳞翅目、草螟科，是我国水稻上危害最为严重的常发性害虫之一。二化螟除危害水稻外，还能危害茭白、玉米、高粱、甘蔗、蚕豆、麦类，以及芦苇、稗、李氏禾等杂草。二化螟危害分蘖期水稻，造成枯鞘和枯心苗；危害孕穗、抽穗期水稻，造成枯孕穗和白穗；危害灌浆、乳熟期水稻，造成半枯穗和虫伤株、白穗。幼虫蛀入稻茎后剑叶尖端开始变黄，严重的心叶枯黄而死，受害茎上有蛀孔，孔外虫粪很少，茎内虫粪多，黄色，稻秆易折断。

二化螟宜采用农业防治和药剂防治相结合的综合防治方法。

① 农业防治。消灭越冬虫源；适度推迟播种期，避开二化螟越冬代成虫产卵高峰期，降低危害程度；在水源比较充足的地区，根据水稻生长情况，在一代化蛹初期，先排干田水2~5 d或灌浅水，降低二化螟在稻株上

图6-7 二化螟

的化蛹部位，然后灌水 7~10 cm 深，保持 3~4 d，可使蛹窒息死亡；二代二化螟 1~2 龄期在叶鞘为害，也可灌深水淹没叶鞘 2~3 d，能有效杀死害虫。

② 药剂防治。一般在水稻孕穗、抽穗期，在幼虫孵化后、钻蛀为害之前及时进行第一次用药，10 d 后第二次用药。每亩可用 200 g/L 氯虫苯甲酰胺悬浮剂 10 mL，或 40% 氯虫·噻虫嗪水分散粒剂 8~10 g，或 5% 阿维菌素乳油 20 mL+200 g/L 氯虫苯甲酰胺悬浮剂 5 mL，或 20% 三唑磷乳油 120 mL，兑水 30 kg 喷雾。一般要求施药后保水 5~7 d，水深根据植株长势保持在 3~4 cm。

（3）大螟：

大螟（图 6-8）属鳞翅目、夜蛾科，主要危害水稻、小麦、玉米、高粱、蚕豆、油菜、棉花、芦苇等。与二化螟相似，大螟同样造成枯鞘、枯心苗、枯孕穗、白穗和虫伤株，但虫孔较大，有大量虫粪排出茎外。江苏一年发生 3~4 代大螟。成虫还喜欢产卵在秆高茎粗、叶色浓和叶鞘包颈较疏松的水稻上，所以早栽、早发、生长茂盛的稻田受害重。

图 6-8　大螟

大螟宜采用农业防治与药剂防治相结合的综合防治方法。

① 农业防治。早春前处理稻茬及其他越冬寄主残体；在大螟卵盛孵前，清除田埂及沟边杂草。

② 药剂防治。可参照防治二化螟药剂。

2. 刺吸式口器害虫

（1）褐飞虱：

褐飞虱，别名褐稻虱，属半翅目、飞虱科，具有远距离迁飞习性，是我国和许多其他亚洲国家当前水稻上的重要害虫。褐飞虱为单食性害虫，只能在水稻和普通野生稻上取食和繁殖后代，以成虫和若虫群集在稻株下部取食为害。成虫和若虫群集在稻株茎基部刺吸汁液，在叶鞘组织中产卵，导致叶鞘形成大量伤口，水分由刺伤点散失。轻者水稻下部叶片枯黄，影响千粒重；重者水稻生长受阻，叶黄株矮，茎上布满褐色卵条。稻株虫量大、受害重时瘫痪倒伏，俗称"冒穿"，导致严重减产甚至绝收。

褐飞虱宜采用农业防治和药剂防治相结合的综合防治方法。

① 农业防治。选用抗（耐）虫水稻品种，进行科学肥水管理，适时烤田，避免偏施氮肥，防止水稻后期贪青徒长，创造不利于褐飞虱滋生繁殖的生态条件。

② 药剂防治。根据水稻品种类型和褐飞虱发生情况，采用压前控后或狠治主害代的策略，选用高效、低毒、残效期长的农药，尽量考虑对天敌的保护，掌握在若虫2～3龄盛期施药。每亩可用25%吡蚜酮可湿性粉剂25～30 g+10%烯啶虫胺水剂150 mL，或80%烯啶·吡蚜酮水分散粒剂8～10 g，或10%三氟苯嘧啶悬浮剂10～16 mL，兑水30 kg喷雾。稻田在施药期应保持适当的水层，以提高防效和延长药效期。

（2）白背飞虱：

白背飞虱（图6-9）属同翅目、飞虱科，别名火蠓子、火旋，在我国各稻区均有分布，主要危害水稻、麦类、玉米、高粱。成虫产卵在叶鞘中脉两侧及叶片中脉组织内，每卵条含卵2～31粒，平均7.3粒。若虫群栖于基部叶鞘上为害。受害部先出现黄白斑，后变黑褐色，叶片由黄色变棕红色，重者枯死，田中出现黄塘。

图6-9 白背飞虱

白背飞虱宜采用农业防治和药剂防治相结合的综合防治方法。

① 农业防治。选用抗（耐）虫水稻品种，进行科学肥水管理，创造不利于白背飞虱滋生繁殖的生态条件。

② 药剂防治。根据水稻品种类型和白背飞虱发生情况，采取重点防治主害代低龄若虫高峰期的防治对策，在成虫迁入量特别大且集中的年份和地区采取防治迁入峰成虫和主害代低龄若虫高峰期相结合的对策。采用压前控后或狠治主害代的策略，选用高效、低毒、持效期长的农药，同时兼顾保护天敌，最好在若虫 2～3 龄盛期施药。田间以低龄若虫为主时，每亩可用 25% 噻嗪酮可湿性粉剂 50～75 g，或 10% 三氟苯嘧啶悬浮剂 10～16 mL，兑水 30～40 kg 均匀喷雾；田间以高龄若虫为主时，每亩可用 25% 噻虫嗪水分散粒剂 3～4 g，或 70% 吡虫啉水分散粒剂 7～8 g，兑水 30～40 kg 均匀喷雾。

三、稻田草害

稻田杂草种类较多，不同生态区域的稻田杂草群落组成不同。一般情况下，稻田杂草主要分为禾本科杂草、阔叶杂草及莎草科杂草三大类。其中，禾本科杂草主要有稗草、千金子、牛筋草、马唐等；阔叶杂草主要有鳢肠、鸭跖草、雨久花、野慈姑、眼子菜、丁香蓼等；莎草科杂草主要有异型莎草、碎米莎草、牛毛毡、日照飘拂草、香附子等。

由于羊肚菌对稻田土壤除草剂残留有较高敏感性，稻田杂草防控宜采用生态控草、农业防治、物理阻断、生态种养和人工除草等防治方法。

（1）生态控草。

通过采取稻种过筛、风扬、水选等措施，剔除混杂在水稻种内的杂草种子，防止杂草种子远距离传播；推广使用合格的商品种子，减少杂草种源。

（2）农业防治。

通过采取提高整地质量、合理进行肥水运筹等措施形成不利于杂草萌发的环境，创造有利于水稻生长的生态条件，促进水稻壮苗早发，增强抗逆性；腾茬早的田块，播栽前诱发杂草出苗后采用机械灭草；适时清除田埂、路边杂草；培育壮苗健苗，营造"苗欺草"的良好农田生态。对旱直播水稻集中种植区杂草稻发生较重的田块，要结合种植结构调整，实施轮作换茬，或改变种植方式，减轻杂草发生基数，压缩重草田比例。

（3）物理阻断。

在进水口安置尼龙纱网拦截杂草种子，田间灌水至水层深 10～15 cm，待杂草种子聚集到田间后捞取水面漂浮的种子，减少土壤中杂草种子库数量。

（4）生态种养。

采用稻鸭共作的方式可有效防除田间杂草及害虫，是水稻病虫草害绿色防控的重要技术措施。

（5）人工除草。

稻菌轮作宜选用绿色生态高效种植方式，可选择人工除草方法控制水稻田块杂草数量。

第二节 羊肚菌病虫害绿色防控技术

羊肚菌的栽培过程是把菌种撒播至大田，并让其与田间土壤、大气、水体等自然环境直接接触而生长的过程。然而，田间存在大量微生物、动物和植物活体，其大量生长繁殖会对羊肚菌造成不同程度的危害。羊肚菌病虫害的防治采取"预防为主、绿色防治"的原则，以下简单介绍羊肚菌田间栽培过程中常见病虫害及对应防治措施。

一、羊肚菌病害

1. 真菌性病害

（1）羊肚菌蛛网病：

羊肚菌蛛网病（图6-10）的菌丝粗壮，呈白色，在地表快速蔓延（如蜘蛛网一般），并从菌柄底部向上侵袭，直至将整个菇子吞噬。被侵染的子实体根部首先被白色浓密的杂菌覆盖而停滞发育，随后变软，严重者整个菇子被白毛覆盖、倒伏死亡。

出菇环节，当发现有羊肚菌蛛网病蔓延时，可用生石灰对蔓延区域覆盖消杀，使用咪鲜胺锰盐可湿性粉剂、噻菌灵或以二氯异氰尿酸钠为主要成分的药剂，按照药品说明书兑水喷施。注意这些药剂对羊肚菌也具有杀灭作用，因此只能对发病区域进行喷施。其主要目的是将发病区域的杂菌全部消杀或抑制，消灭其继续传播的潜力，也是对病菌的"隔离"。

（2）羊肚菌镰刀菌病：

羊肚菌镰刀菌病（图6-11）是一种普遍发生的真菌性病害，易发于羊肚菌子实体

图6-10　羊肚菌蛛网病

生长各阶段，主要表现为子囊果表面出现白色霉状菌丝。随着白色霉状菌丝的快速生长繁殖，镰刀菌可布满羊肚菌菌盖表面，使原基、幼菇直接死亡，子实体软腐、出现孔洞、顶部无法发育、畸形等，最后全部腐烂、倒伏。正常情况下羊肚菌镰刀菌病的发病率低于5%；高温高湿条件下，发病率极易突然上升至50%以上，使羊肚菌生产遭受极大损失。

羊肚菌镰刀菌病的有效防治办法为严格控制土壤含水量保持在较低水平（约20%左右，催菇期可适当提高），避免大水漫灌、浸泡土壤，防止雨水直接进入畦面。

图6-11　羊肚菌镰刀菌病

（3）羊肚菌白霉病：

羊肚菌白霉病（图6-12）是最常见、危害最严重的一种病害，高温高湿条件下容易发生，常见于羊肚菌子实体。发病初期出现小白点，然后白点慢慢扩大，很快可长满整个子实体。

防治羊肚菌白霉病最有效的办法就是降低温度和湿度。在出菇季节中午高温期加强棚内通风，降低棚内空气相对湿度至85%，保持棚内空气清新，保持菇体干爽，可有效地降低发病概率。发现病菇时，及时清除至棚外销毁，防止病害大面积蔓延。

图6-12　羊肚菌白霉病

其他真菌性病害可采用播种前对田地进行1周以上的暴晒，出菇时加强通风、降湿、降温等措施进行预防；病害发生后可就地喷洒生石灰并掩埋，避免传染。

2. 细菌性病害

羊肚菌凹坑状的菌盖表面很容易附着含有大量微生物的溅落水滴，造成微生物的着床蔓延；如遇高温高湿天气，情况则更为严重。目前未见关于羊肚菌细菌性病害病原物的报道。

结合文献调研与田间调查，初步判定软腐病和红体病为羊肚菌常见的细菌性病害（图6-13）。软腐病的典型特征是发病后菌柄腐烂，子囊果倒伏，发病部位呈脓状、水浸状，有恶臭，病菌有明显的蔓延扩散趋势，发病区域不再有新的羊肚菌生长。红体病则表现为感染的子囊果停止发育，不变软，屹立不倒，通体泛红，有臭味，病菌会随空气、雨水、风向进行传播，且大小菇体均易感病。

图6-13　羊肚菌细菌性病害

播种前田地处理不完善、残留较多秸秆废弃物和施用未腐熟的农家肥等均易引发细菌性病害。目前，羊肚菌细菌性病害的防治多采用综合防控方法，包括土地轮作、杂物清理、污染物清理、石灰预处理、暴晒等，同时注意规避高温高湿的不良环境；当小面积发生细菌性病害时，及时将受害子实体菌柄基部用小刀割断并带离羊肚菌生长环境，避免传染，并用生石灰撒于表面进行杀菌处理。

3. 生理性病害

菇棚及外界环境突然变化会导致羊肚菌生理性病害，主要有水害、冻害、热害、风害。

（1）水害：

土壤中长期水分过多，会造成土壤缺氧而出现"水菇"。"水菇"地上部分个体小而瘦长，菌褶开裂早，提早成熟，不及时采收很快就会腐烂。预防措施为适时通风，在菇蕾或幼菇期采取喷雾方法，控制浇水量，不喷"关门水"。

（2）冻害：

温度过低（低于6℃），会导致羊肚菌菌柄颜色变灰，菌帽分化不完整，但无恶臭味。在原基暴发形成后温度过低,特别是倒春寒时容易发生冻害。因此,应注意温度变化,晚上一定要关闭风口,以防冻害。

(3) 热害:

羊肚菌属低温型菌类,子实体生长期温度不宜超过 20 ℃。观测温度的方法:在羊肚菌棚内 1.5 m 高处挂温度计测棚温;温度计插入土内 2~3 cm 测地温;温度计倒插入土内,观察地面以上 15 cm 处温度。随时掌握三点温度变化,发现温度过高时,采取通风、喷水等方法降温。

(4) 风害:

大风,特别是晚上一夜的冷风可使原基和幼菇死亡,有些栽培户因此遭受重大损失。在生产中一定要注意通风适度,预防风害。

二、羊肚菌虫害

(1) 菌蚊、菌蝇:

菌蚊、菌蝇幼虫会咬食羊肚菌的菌丝体和子实体,可在大田立柱、顶棚上悬挂粘虫的黄板(图 6-14)进行防治。每亩可悬挂黄板 10 块,黄板尺寸为 20 cm × 25 cm。

图 6-14　用来粘贴田间菌蚊、菌蝇的黄板

(2) 跳虫:

跳虫个头较小,宽 1~2 mm,长度不超过 8 mm,但繁殖速度极快,单个子实体上可生长数千只跳虫。跳虫会从子实体菌柄基部的空洞内进入菌柄内部

啃食菌丝体和子实体（图6-15）。跳虫发生的主要原因是土壤没有处理好。

防治方法：于羊肚菌栽培前清除杂草、作物秸秆等容易发生该害虫的田间杂物，向土壤喷洒氯氰菊酯1 000～2 000倍液后进行旋耕并暴晒，以此降低田间虫口基数。播种前7 d，用辛硫磷颗粒（每亩用3%颗粒剂1.5 kg），同时撒石灰后旋耕。播种后、出菇前可喷洒氯氰菊酯1 000～2 000倍液预防。出菇后可根据跳虫的喜水习性，在发生跳虫的地方用小盆盛清水，待跳虫跳入水中后再换水继续诱杀，连续几次，将会大大减少虫口密度。

图6-15　羊肚菌上的跳虫

（3）蛞蝓、蜗牛、蚯蚓：

蛞蝓、蜗牛和蚯蚓主要来源于土壤，水稻田中数量较多，旱地上数量相对较少。它们白天潜伏在土壤内部，晚上出来活动。蛞蝓、蜗牛和蚯蚓主要在菌丝体生长阶段咬食表面的菌丝体，在子实体发生阶段咬食菌柄基部和主干，表现为子实体倒伏（图6-16）。

主要防治方法：将豆饼或炒香棉籽饼与敌百虫按10∶1的比例制成毒饵，4～5 kg/亩撒施诱杀，也可进行人工诱杀。

（4）白蚁：

白蚁会直接啃食菌种，造成严重损失。可在播种前暴晒田地预防白蚁。

（5）老鼠：

老鼠会取食菌种和幼菇，传播病原菌。因此，应注意观察是否有老鼠洞（图6-17），可采用常规捕鼠或灭鼠手段预防老鼠。

图6-16　羊肚菌根部蚯蚓　　图6-17　羊肚菌田间老鼠洞

（6）螨虫：

螨虫会危害菌丝体并且咬食子实体。可在播种前 1 个月对田地进行翻耕，撒施生石灰 100～150 kg 后再次翻耕并暴晒以预防螨虫。螨虫发生后，可在畦面喷洒杀螨剂。一般采收前 7 d，不宜使用化学农药防治虫害。

参考文献

［1］刘伟，蔡英丽，何培新，等.羊肚菌栽培的病虫害发生规律及防控措施［J］.食用菌学报，2019，26（2）：128-134，3-5.

［2］刘伟，张亚，何培新.羊肚菌生物学与栽培技术［M］.长春：吉林科学技术出版社，2017.

［3］孟庆国，赵英同.栽培羊肚菌常见病虫害及预防措施［J］.食用菌，2021，43（6）：66-67.

［4］杨东，梁津，曾科.四川旺苍羊肚菌病虫害防控技术［J］.特种经济动植物，2022，25（1）：98-100.

［5］周璇.六妹羊肚菌的病害发生原因、规律与绿色防控技术［J］.植物医生，2021，34（3）：75-78.

第七章 羊肚菌采收、保鲜与初加工技术

一、羊肚菌采收技术

1. 采收标准

（1）成熟度：采收的羊肚菌以八成熟为宜。羊肚菌从针状原基形成到采收约需 15～20 d，菇体正常出土生长 7～10 d。

（2）颜色：菌盖由深灰色变成浅灰色或褐黄色，菌柄颜色近白色。

（3）外形：菇形饱满，外形美观，硬实不发软，完整无破损。菌盖顶端呈钝圆形，盖面沟纹明显，边缘较厚，脊与凹坑轮廓分明，菌柄光滑。

2. 采收时机

采收应在晴天上午（9:00～12:00）或阴天进行。

3. 采收方法

采收时应采大留小。具体采收方法：左手 3 个手指轻轻握住菌柄，右手用小刀将羊肚菌齐土面割下，避免带下周围较小的子实体。采后清除子实体基部泥土，轻拿菌柄放置于篮子或者框内（篮子和框底内部应铺放卫生纸或茅草等柔软物），避免挤压，及时清理地面上的菇根、死菇等残留物。注意不能用手拔，以免弄断菌丝，影响后续出菇。

二、羊肚菌分级标准及其存放

1. 鲜羊肚菌分级标准

按照鲜羊肚菌级内菇菌盖长度分级，如表 7-1 所示。

表 7-1 鲜羊肚菌分级标准

分级	菌盖长度 /cm	菌柄长度 /cm
一级	8～12	≤4
二级	5～8	≤3
三级	3～5	≤2

2. 分级存放

采收后，要先去除羊肚菌菇体上附带的杂质，再按照不同等级分别存放。存放羊肚菌的周转筐内部应铺放卫生纸或茅草等柔软物。存放时，将羊肚菌按顺序排叠，轻取轻放，以免擦伤或碰碎菇体表面；周转筐内菇的数量不宜太多，以防压伤菇体，影响产品外观和降低等级。

三、羊肚菌保鲜技术

羊肚菌鲜品含水量高，组织脆嫩，采后生理代谢旺盛，贮运过程中易受机械损伤和微生物浸染。

1. 预处理

（1）减压预冷保鲜。

采用减压预冷技术可降低羊肚菌的呼吸强度。将压力与温度分别控制在（800±50）Pa 与（1±0.5）℃时，羊肚菌中可溶性固形物含量维持在较高水平，可更好地保持其细胞膜的完整性。

（2）自发气调保鲜。

主动自发气调：采用适当比例的 O_2 与 CO_2 气体处理可促使气调箱内气体迅速达到平衡，降低羊肚菌呼吸速率，维持较好的羊肚菌感官品质以及较高的可溶性固形物、蛋白质和游离氨基酸含量，延缓失重率、多酚氧化酶活性和丙二醛含量的上升。其中以 90% O_2+10% CO_2 的主动气调处理效果最佳。

被动自发气调：通过包装材料的渗透作用来改变食用菌贮藏的气体环境，抑制呼吸速率，达到延长食用菌贮藏期的目的。包装材料为微孔膜时储存效果最佳，它可以减弱羊肚菌的呼吸强度，有效减缓质量损失的速率，减慢可溶性固形物的降解，降低多酚氧化酶活性，更好地维持羊肚菌的商品价值。

（3）臭氧保鲜。

贮藏前采用 5 μg/mL 臭氧熏蒸处理，然后用聚乙烯材料包装，在 1 ℃下冷藏保鲜，可减弱羊肚菌的呼吸强度，有效减缓贮藏期间质量损失，降低可溶性固形物含量上升速度，保持较高多酚含量和较高过氧化物酶活性，降低多酚氧化酶活性。

（4）高压静电保鲜。

当高压静电场电压为 15 kV 时，羊肚菌保鲜效果最好，保鲜期可延长到 20 d，腐烂率大大降低。

（5）辐照保鲜。

辐照保鲜是指通过 γ 射线、紫外线和电子束等辐射源破坏微生物细胞组织，达到延长产品货架期的目的。低剂量（小于或等于 2 kGy）电子束辐照可有效延长羊肚菌保鲜期，且对主要营养成分影响不大。

2. 协同保鲜方式

羊肚菌还可用微酸性电解水和紫外线相结合的协同保鲜方式。具体方法：以 4% 的盐酸溶液为电解质，制备得到 pH=5.80 的微酸性电解水，将羊肚菌放入其中浸泡 10 min 后晾干，用波长为 254 nm 的紫外线照射，照射强度为 70 μW/cm²，控制时间和距离分别为 30 min 和 0.5 m。该技术可减少羊肚菌表面的细菌和霉菌菌落总数，提高羊肚菌中维生素 C 含量和超氧化物歧化酶活性，降低过氧化物酶、多酚氧化酶的活性，延缓羊肚菌储存过程中褐变及质地软化的进程，在 20 ℃下可保持 9 d 的货架期。

四、羊肚菌干制技术

剪柄长短对于干羊肚菌的品质和所得率影响很大，对其销售价格也会产生一定影响。

1. 剪柄三原则

（1）羊肚菌面小、肉薄、脚长的，以去糠为宜（保持全柄）。

（2）羊肚菌面大而圆、肉薄、肉质松软的，可取其半柄，剩余菌柄长度小于或等于 4 cm。

（3）羊肚菌面大而圆、肉厚而坚硬的，将柄全部剪去。

2. 干羊肚菌分级标准

按照干羊肚菌级内菇菌盖长度分级，如表 7-2 所示。

表 7-2　干羊肚菌分级标准

分级	菌盖长度 /cm	菌柄长度 /cm	
		半剪柄	全剪柄
一级	7～10	≤ 4	无柄
二级	4～7	≤ 3	
三级	2～4	≤ 2	

3. 烘干方式

不同批次采收的羊肚菌其水分含量不一样。一般而言，第一茬菇的含水量相对较低，第二茬、第三茬菇的含水量相继增大。因此，第二茬、第三茬菇可较第一茬菇适当延长烘干时间。

（1）晒干与风干。

把羊肚菌均匀晾晒在大筛（建议用竹筛）上面，在有阳光的通风处晾晒一天，夜间收回阴凉风干处自然风干。根据晒干程度，一般在羊肚菌缩水后就可以用密封袋收起保存。

优势与缺点：能满足部分消费者对于干制品风味的要求，操作简单，成本低，但耗时长，受天气限制，不适合工业化推广。

（2）热泵干燥。

① 烘干初期：将羊肚菌按不同长度剪柄后排放于烘筛上，将烘筛推入烘干机烘箱内，紧闭箱门，启动机器起烘。起烘温度不低于35 ℃，湿度控制在70%以内，烘3 h左右，用低温来给羊肚菌定性、定色，以保证其形状饱满、不塌陷。

② 升温排湿：将温度上升到40 ℃～45 ℃，湿度降到55%，烘2 h左右。这时羊肚菌收缩，水分明显减少。

③ 强化烘干排湿：将温度上升到50 ℃左右，湿度控制在35%，继续烘2 h左右。这时羊肚菌表面基本干透，但菇体尤其在菌柄与菌盖结合处仍是软的，尚未干透。

④ 高温干燥：将温度上升至53 ℃～55 ℃，湿度降到15%，实现羊肚菌的彻底干燥。

以上四个阶段均不宜升温过快（以5 ℃为宜），烘出的羊肚菌含水量约为12%，外形饱满，菌柄米白，菌盖棕色或黑色，气味芬芳。

⑤ 回软：烘干完成后，使羊肚菌在空气中静置10～20 min，待其表面稍微回软后装袋，避免造成羊肚菌因脆断而损坏。

优势：技术成本低，干燥效率高，适合用于大批量食用菌的干燥，在工业上应用十分广泛。

（3）真空冷冻干燥。

① 原材料预冻：将新鲜羊肚菌用清水洗净，沥干水分，并保证待干燥羊肚菌外观完整，然后放入超低温冰箱（-80 ℃）预冷12 h，也可以直接放在冷冻干燥机中预冻。

② 干燥：冷冻干燥机先预冷30 min，再将处理好的羊肚菌排放在洁净的托盘中，进行冷冻干燥，24 h后解除真空。

真空冷冻干燥的样品量及控制参数视设备型号决定。

优势与缺点：这种干燥方式能够有效保留羊肚菌的色、香、味、形及食品营养成分，但真空冷冻干燥方式能源消耗大，设备投入高，故将其与其他干燥方式联合使用是下一步的研究方向。

4. 干品贮藏方式

干制品的主要包装方式包括常压包装、真空包装和改性空气包装。羊肚菌烘干后，要将其迅速分等级装入食品级塑料薄膜包装中，或按客户要求装入礼品包装袋后进行装箱，然后避光或者低温（4 ℃）贮藏，可以较好地保持干制食用菌的营养价值和风味。为了防止潮气侵入，可在包装袋中放入一小包氯化钠，起到阻止色泽变化和虫害发生的作用。

五、羊肚菌推荐食谱

1. 羊肚菌鱼头煲（图 7-1）

用料：鱼头、羊肚菌、姜末、蒜末、小葱、盐、糖、料酒。

做法：

（1）将鱼头洗净沥水，羊肚菌提前 20 min 用温水泡发。

（2）起油锅，七分热时炝姜末和蒜末，有香味后捞出。

（3）煎鱼头，待两面煎至相似时，加入适量盐、料酒以及炝好的姜末和蒜末，翻炒后捞出。

（4）将鱼头和羊肚菌放入砂锅中，加水七分，大火煮开后加适量糖，转为用小火炖煮。

（5）炖煮 15～20 min，撒葱末后即可出锅。

图 7-1　羊肚菌鱼头煲

2. 羊肚菌炖鸡汤（图7-2）

用料：草鸡、羊肚菌、姜片、葱段、鸡精、枸杞、红枣、盐、料酒、笋干。

做法：

（1）将草鸡切块后用沸水焯一下，捞出洗净，与羊肚菌一起煲汤，撇去浮沫。

（2）加入姜片、葱段、鸡精、枸杞、红枣、盐、料酒、笋干，用中火炖至鸡肉烂熟即可出锅。

图7-2　羊肚菌鸡汤

3. 爆炒羊肚菌（图7-3）

用料：羊肚菌、芦笋、姜片、尖椒、蚝油、盐。

做法：

（1）洗净羊肚菌，芦笋去皮切条，尖椒切成菱形。

（2）待油烧热，放入姜片煸炒，随后放入尖椒炒至变色。

（3）放入羊肚菌翻炒，加蚝油、盐适量，大火收汁后即可出锅。

图7-3　爆炒羊肚菌

4. 蒸酿羊肚菌（图 7-4）

用料：羊肚菌、猪肉、虾仁、葱花、白胡椒粉、蚝油、生抽、盐、姜末、蛋清、淀粉。

做法：

（1）将羊肚菌用清水浸泡 20 min。

（2）将猪肉和虾仁剁碎，加入白胡椒粉、蚝油、生抽、盐、姜末、蛋清搅拌均匀。

（3）塞入馅料，蒸锅大火上汽后大火蒸 10～15 min，起锅。

（4）熬汁：炒锅中倒入少许油，加入蒸羊肚菌的汤水，再倒入少许水淀粉、一勺盐煮开。

（5）浇汁，撒葱花后即可出锅。

图 7-4　蒸酿羊肚菌

5. 虫草花汤汁浸羊肚菌（图 7-5）

用料：羊肚菌、虫草花、鸽蛋、生姜、葱花、盐、白糖。

做法：

（1）将羊肚菌用温水泡发 15 min，鸽蛋剥壳，虫草花清洗，姜切片。

（2）将开水倒入有盖的炖盅，冷却至 50 ℃～60 ℃左右，放入羊肚菌和适量白糖，盖上盖子。

（3）加入虫草花，隔水炖盅 40 min，加入鸽蛋继续隔水炖盅 20 min。

（4）汤煲好之后撒葱花、盐适量，即可出锅。

图 7-5 虫草花汤汁浸羊肚菌

注意事项：

（1）羊肚菌属于性发食品，过敏人群切忌食用，特别是对羊肚菌过敏的人。

（2）羊肚菌不宜与粽子同食，两种食物混吃易造成人体不适。

（3）未煮熟的羊肚菌不宜食用。

参考文献

[1] 赵曈，张强.羊肚菌的营养成分和药理作用研究进展[J].中国林副特产，2022（1）：71-74.

[2] 曾小峰，高伦江，曾顺德，等.羊肚菌保鲜与加工研究进展[J].南方农业，2022，16（9）：224-227.

[3] 史宇，孙飞龙，王淑君，等.羊肚菌保鲜技术研究进展[J].包装与食品机械，2022，40（2）：102-106.

[4] 许瀛引，谢丽源，张志远，等.微酸性电解水和紫外光结合对采后六妹羊肚菌的保鲜作用[J].菌物学报，2021，40（12）：3332-3346.

[5] 张沙沙，朱立，曹晶晶，等.采后预处理对羊肚菌保鲜效果的影响[J].食品工业科技，2016，37（13）：319-322.

[6] 黄雪，刘莎莎，谢瑶，等.O_2/CO_2 主动自发气调对羊肚菌 4 ℃下贮藏品质的影响[J].中国食用菌，2020，39（3）：56-62.

[7] 黄雪，员丽苹，谢瑶，等.15 ℃下 O_2/CO_2 主动自发气调对羊肚菌保鲜效果的影响[J].中国果菜，2019，39（12）：1-6.

[8] 四川省农业科学院土壤肥料研究所，四川省食用菌菌种场.羊肚菌等级规格：DB 51/T

2464—2018[S].成都：四川省质量技术监督局，2018.

[9] 黄成运，刘宏宇，朱国胜，等.一种采用低温臭氧干燥剂的羊肚菌复合保鲜方法：中国，202110554509.0[P].2021-07-13.

[10] 许瀛引，甘炳成，谢丽源，等.羊肚菌的保鲜方法：中国，201911107457.1[P].2020-02-11.

[11] 张正周，刘继，郭奇亮，等.一种显著延长羊肚菌保鲜期的气调保鲜方法：中国，201610851846.5[P].2017-02-22.

[12] 管俊林.一种羊肚菌高压静电保鲜的技术：中国，201910331526.0[P].2019-07-12.

[13] 羊肚菌烘干技术[J].农村新技术，2022（6）：62-63.

[14] 段丽丽，杨滢仪，周亚钧，等.羊肚菌真空冷冻干燥特性的研究[J].四川旅游学院学报，2019（3）：19-23.

[15] 倪旭东，周化斌，杨海龙.食用菌干燥技术及其干制品的储藏研究进展[J].食品安全质量检测学报，2020，11（14）：4685-4692.

[16] 于慧萍，胡思，黄文，等.干制方式对大球盖菇滋味物质的影响[J].食品工业科技，2021，42（9）：251-256.

[17] 周超，黄裕怡，胡旭佳.不同干燥方式和酶解对茶褐牛肝菌挥发性风味成分的影响[J].食品工业科技，2017，38（23）：203-209.

[18] 李淑芳，陈晓明，丁舒，等.羊肚菌干制方法对产品品质的影响研究[J].天津农林科技，2021（5）：6-9.

第八章 水稻—羊肚菌轮作模式效益分析

第一节 稻菌轮作种植模式的经济效益

在"加强生态文明建设、促进农业经济可持续发展"的背景下，单一追求经济效益的传统农业正在被集经济效益、生态效益、社会效益于一身的现代生态循环农业所替代。而稻菌轮作模式之所以能成为近年来现代生态循环农业推广的热点，除了食用菌产业的蓬勃发展所带来的巨大经济效益以外，更重要的是，稻菌轮作栽培不仅优化了秸秆资源的综合利用体系，还有效解决了粮经争地、连作障碍等问题，同时还减少了稻、菌季生产上农药和化肥的投入，实现了"稻菌稳产－土壤培肥"的良性循环，在提高经济效益的同时，实现了生态效益和社会效益的双丰收，在实际推广应用中也得到了充分的肯定。

一、水稻-羊肚菌轮作模式成本分析

经济效益是推动新型农业模式发展的重要动力，经济效益的高低直接决定了该模式的发展前景。为实现农业模式经济效益的最大化，除控制生产成本、加大产出、提高附加值外，形成环境友好型、生态友好型的绿色发展模式才是农业经济可持续发展的最优选择。稻菌轮作模式是一种基于水旱轮作的高效、绿色生态循环模式，可有效降低土传病害发生率，克服单一设施生产的连作障碍，从而使稻米、食用菌的产量和品质得到保障。稻菌轮作模式的应用推广可有效促进乡村特色产业经济发展，具有较高的经济效益。

1. 流动成本统计

稻菌轮作所需的主要原辅材料采购费由消耗定额和市场预测的价格决定。其中，菌种购买费、营养袋购买费、耕整机械租用费、用工费属于流动成本，即当季使用当季消耗。根据2021、2022年市场价格计算，羊肚菌菌种购买费约2400元/亩，营养袋购买费约3600元/亩，耕整机械租用费约150元/亩，用工费约1700元/亩（耕地播种约400元/亩，营养袋放置约200元/亩，地膜铺设约300元/亩，日常管理约800元/亩）。

2. 固定成本统计

固定成本（又称固定费用）相对于流动成本，是指成本总额在一定时期和一定业务量范围内，不受业务量增减变动影响而能保持不变的成本。对于稻菌轮作模式而言，白膜、地膜、棚架、遮阳网、喷滴灌系统属于固定成本，可循环使用。其中，优质白膜使用年限可达3年以上，一般可使用5年左右；地膜的有效使用期约1~2年，具有良好的透光、保温和耐候性；棚架的使用年限可按5~6年计算；遮阳网的使用寿命约2~3年，地域不同，使用寿命也有所差异；喷滴灌系统的使用寿命约5~6年。根据2021、2022年市场价格及折旧率计算，稻菌轮作模式所消耗的白膜费用约60元/亩，地膜费用约25元/亩，棚架费用约1 300元/亩，遮阳网费用约700元/亩，喷滴灌系统费用约1 000元/亩（表8-1）。

表8-1 项目总成本费用分析表

序号	项目名称	总成本费用/（元/亩）	折旧年限	占总成本比重/%
1	菌种购买费	2 400	—	21.9
2	营养袋购买费	3 600	—	32.9
3	白膜购买费	60	3~5	0.5
4	地膜购买费	25	1~2	0.2
5	棚架购买费	1 300	5~6	11.9
6	遮阳网购买费	700	2~3	6.4
7	喷滴灌系统购买费	1 000	5~6	9.1
8	耕整机械租用费	150	—	1.4
9	用工费	1 700	—	15.5

3. 总成本费用构成

根据综合计算，稻菌轮作批量生产期内总成本达到10 935元/亩，其中流动成本占比达71.8%，固定成本占比达28.2%。流动成本所占比例远远高于固定成本，说明存在一定的生产风险。其风险的产生主要由于菌种、营养袋是一次性消耗品，当季气候、管理不当都可能造成生产期内减产甚至绝收的情况发生。但这并不意味着稻菌轮作是一种高风险的生产模式，只要按照成熟的羊肚菌生产技术进行规范的生产，保证羊肚菌各生长时期获得合适的光、温、水、气、肥条件，便可有效地规避风险。

二、水稻-羊肚菌轮作模式利润分析

羊肚菌作为一种食药兼用菌，因质嫩鲜美而深受人们的喜爱。近年来，随着人民生活水平的提高，羊肚菌消费群体日益增加，羊肚菌市场潜力巨大。由于存在巨大的供求差异，目前市场上羊肚菌的平均售价达到约100元/kg。根据对羊肚菌生产企业的调研，稻菌轮作模式下，羊肚菌年生产周期内产量可稳定保持在300 kg/亩左右，其销售收入达到3万元/亩，每亩利润总额高达19 065元，在不考虑销售税金的情况下，稻菌轮作模式的投资利润率高达174.3%（表8-2）。

表8-2 项目利润分析表

序号	项目名称	年平均数
1	销售收入	30 000元/亩
2	总成本费用	10 935元/亩
3	利润总额	19 065元/亩
4	投资利润率	174.3%

与单一的水稻种植、稻麦轮作种植方式相比，稻菌轮作模式实现了在经济收益方面的良好补充。与此同时，由于稻菌轮作具有增肥改土、克服连作障碍等优势，一定程度上减少了化学肥料的投入成本，提高了稻田产出的稳定性。但对于规模较小的农户或合作社而言，在发展一定规模的稻菌轮作模式时，一定要提前进行风险评估，综合考虑当地的生产、加工、运输及销售条件，待充分掌握了稻菌轮作的生产技术和市场后，方可进行规模化生产。

第二节 稻菌轮作种植模式的生态效益

生态效益是指人们在生产中依据生态平衡规律，使自然界的生物系统对人类的生产、生活条件和环境条件产生的有益影响和有利效果，其关系到人类生存发展的根本利益和长远利益。生态效益的基础是生态平衡和生态系统的良性、高效循环。随着气候变化、土壤退化、农业面源污染等诸多挑战加剧，传统农业正加速向高效生态循环农业转型。稻菌轮作模式作为一种高经济效益的种植模式，不但有助于增加稻田的综合效益，实现稻菌绿色、高效与优质生产，而且在秸秆资源高质化利用、土壤培肥、化肥减量、温室气体减排、克服连作障碍等多个方面具有积极的生态效益，为促进农业绿色可持续发展提供了有力的保障。

一、有利于实现秸秆资源高质化利用

农作物秸秆作为一种重要的农业废弃物，其高质化利用对推动农业绿色发展、循环发展、可持续发展具有重要意义。目前，生产上主要通过秸秆"五化"利用技术实现秸秆资源的高质化利用，即秸秆的肥料化、饲料化、燃料化、原料化和基料化。在稻菌轮作模式中，利用原位还田的秸秆培养食用菌的过程是秸秆资源基料化的直接体现，同时也是稻菌轮作模式区别于稻-菜、稻-草莓、稻-虾、稻-鳖、稻-鸭、稻-虾-草-鹅轮作等新型稻田综合种养模式的显著特征。

秸秆富含食用菌所必需的蛋白质、氨基酸、维生素、糖类、矿质元素等营养物质，以秸秆为原料生产食用菌，不仅能提高食用菌的产量、品质，还可以充分利用我国丰富且成本低廉的秸秆资源。据测算，1亩羊肚菌每季可消耗300~600 kg稻秸秆资源，是一种实现农业秸秆废弃物"去库存"的有效方法。除此之外，相比于其他秸秆利用技术，稻秸秆基料化技术还具有成本低、流程简、绿色高效的优势。例如，与肥料化、饲料化相比，稻秸秆直接原位还田、就地利用，降低了秸秆向肥料发酵场、饲料生产间转移所发生的运输成本；与

燃料化相比，直接在原位还田秸秆上接种食用菌，不仅省去了秸秆燃料化过程中生物反应堆、青贮池、青贮塔的建造成本，而且食用菌还能替代秸秆快速腐熟剂对秸秆起到降解作用，直接减少了化学药剂的添加。对比秸秆燃料化技术，利用食用菌对秸秆进行高质化利用的显著优势在于直接减少了温室气体的排放。秸秆原料化的主要目的是实现木材的替代，将秸秆用于建材、化工、草编、造纸等行业，实际上加速了农田资源向非农业行业的转移，而将稻秸秆作为食用菌的基料，实现了农业资源在行业内部的循环，变相减少了下季农田肥料的投入。

因此，稻菌轮作模式在对秸秆资源高质化利用的过程中表现出投入品减量化、生产清洁化、废弃物资源化、生产模式生态化等优势。但在实际生产中，要严格把控秸秆质量，加强对秸秆中病菌、虫卵的消杀，同时要根据食用菌的降解能力明确每平方米的秸秆用量，防止秸秆分解不完全，影响后茬食用菌生长的情况出现。

二、促进土壤培肥，实现化肥减量

土壤肥力作为影响农业生产的重要因子，其高低与土壤的物理结构、水分状况、养分含量及微生物动态密切相关。目前，生产上主要通过农田建设、生物改土、增肥改土、耕作改土、轮作倒茬等措施来实现农田养地与土壤培肥，提升耕地肥力与质量，达到减少生产过程中化肥、农药投入的目的。由于稻菌轮作涉及秸秆还田、秸秆食用菌降解、菌渣还田等多个生产环节，其生产环节的多样性使其具备了通过生物改土、增肥改土、轮作倒茬等措施实现培肥养地的条件，在提高土壤养分含量、防止土壤板结、增加微生物多样性、加深耕层等方面发挥着重要的作用。

1. 增肥改土，增加养分来源

土壤容重作为反映土壤物理性质的重要指标，直接影响土壤孔隙度及水、气、肥效应，间接对土壤微生物多样性及代谢酶活性产生影响。在稻菌轮作模式下，由于秸秆和菌渣的密度比土壤小，秸秆、菌渣原位还田使稻菌轮作地块的土壤容重显著下降，提高了土壤的总孔隙度。这种疏松的物理结构能使土壤的通透性得到有效改善，为土壤内碳氮代谢提供了适宜的条件。针对水稻田而言，可以有效避免水稻田土地犁底层发青、密实和通气孔隙甚少情况的发生，防止土壤次生潜育化，从而为作物根系养分及水分的吸收提供良好的物理条件。

稻菌轮作模式对土壤培肥的作用不单体现在改善土壤的物理结构、疏松土壤方面，更重要的是可以丰富土壤养分来源，真正实现了养分归还。食用菌对秸秆中的纤维素和半纤维素具有较强的降解能力，可使秸秆中储藏的养分迅速释放，起到增肥的作用。如表8-3所示，在利用秸秆发展食用菌生产的过程中，反映土壤养分状况的指标（有机质、总氮、铵态氮、总磷、速效钾）均得到了显著提升。有机质含量作为体现土壤肥力大小的重要指标，利用秸秆生产食用菌较常规种植模式下的提升比例达17.7%~32.1%，对维持土壤碳氮比具有重要意义。相关研究表明，当土壤碳氮比为25∶1时，有利于土壤微生物参与土壤中的能量和物质循环，提高土壤中营养元素的转化速率。碳氮比过高的作物，如小麦秸秆（60∶1），还田后会使土壤中的氮含量降低，造成作物减产。而稻草通过接种菌，碳氮比可由原来的72∶1降为20∶1左右，有效地解决了秸秆还田条件下土壤碳氮比失衡的问题，极大地保证了土壤碳氮供应的稳定性。

表8-3 利用秸秆生产食用菌对土壤理化性状的影响

食用菌类型	秸秆类型	容重	总孔隙度	pH	有机质	总氮	铵态氮	碱解氮	总磷	速效磷	速效钾
平菇	稻秸秆	（-）	（+）	（+）	（+）	—	—	（-）	—	（-）	（+）
白腐真菌	稻秸秆	—	—	—	—	（+）	（+）	—	—	—	—
大球盖菇	稻秸秆	—	—	—	—	（+）	（+）	—	—	—	—
大球盖菇	麦秸秆	—	—	—	（+）	（+）	—	—	（+）	—	—
凤尾菇	稻秸秆	—	—	—	（+）	（+）	—	（+）	—	—	—
大球盖菇	玉米秸秆	（-）	（+）	—	—	—	—	（+）	—	（+）	（+）

注：（-）表示该模式对应土壤理化性状指标下降，（+）表示该模式对应土壤理化性状指标上升。

稻菌轮作中菌渣的培肥作用不但体现在养分的补充方面，更重要的是其可通过丰富微生物的代谢提高土壤代谢酶的活性，实现了对土壤的培肥作用。作为食用菌收获后所产生的固体废弃物，菌渣含有大量的菌丝、菌脚以及经食用菌分解后的菌类多糖、纤维素、蛋白质和矿物质元素等。据分析，菌渣中有机质含量高达14.44%，除此之外，全氮、全磷、全钾含量分别为0.74%、0.21%、1.08%，可作为土壤中有机质及氮、磷、钾元素的有效补充（表8-4）。然而作物不能直接利用土壤中的有机养分，必须经过微生物的矿化作用。由于菌渣中含有大量的菌丝、菌脚及微生物，土壤中微生物数量的增加及其生长速率的变快可有效地提高脲酶、土壤转化酶、过氧化氢酶、磷酸酶的活性，从而加速有机养分的矿化，为作物生长提供充足的养分。

表8-4 菌渣还田对土壤理化性状的影响

菌渣	容重	pH	有机质	总氮	总磷	总钾	脲酶抗氧化酶	细菌多样性
大球盖菇渣	—	—	（+）	—	—	—	（+）	（+）
平菇、茶树菇渣	—	—	—	（+）	（+）	（+）	—	—
黑木耳渣	—	—	—	—	—	—	（+）	—
黑木耳废菌棒	（-）	（+）	（+）	（+）	（+）	（+）	—	—
黑木耳菌渣	—	—	—	（+）	（+）	—	（+）	（+）

注：（-）表示该模式对应土壤理化性状指标下降，（+）表示该模式对应土壤理化性状指标上升。

相关研究表明，全生育期观察下，种植食用菌能增强土壤通透性，增加土壤中养分含量，其中有效磷含量比未种菇处理增加 7.7 mg/kg（增幅 19.7%），速效钾含量增加 14.5 mg/kg（增幅 36.7%），进一步说明了稻菌轮作模式在土壤培肥方面具有良好的生态效益。因此，稻菌轮作模式对改良土壤的"黏、酸、瘦"具有良好的生态效益，不但实现了农业废弃物的资源化利用，还可为稻菌的生长提供丰富的营养。

2. 保水保肥，减少养分流失

在稻后秸秆还田过程中，秸秆作为一种密度小于土壤的物料，还田条件下还可降低土壤密度和容重，使土壤总孔隙度提高，减少地表裸露，降低土壤养分的淋溶损失，进而达到保水保肥的目的。在稻菌轮作模式下，利用秸秆生产食用菌对减少土壤养分淋溶损失的作用更加明显，其中土壤总氮、铵态氮的淋溶量分别降低了 16.6%~33.2% 和 4.9%~38.4%。另外，食用菌菌丝与秸秆相互结合所形成的土壤保护膜较单一秸秆覆盖更加稳定，可更好地保水保肥，减少养分的流失。

因此，一方面稻菌轮作模式可通过"改土、增源、减流"实现对土壤的培肥作用，特别是在改善土壤容重、孔隙度、pH、含水量、碳氮代谢酶活性及减少土壤氮磷淋溶损失、增强生物多样性等方面拥有着巨大的潜力；另一方面稻菌轮作模式的"改土、增源、减流"作用实际上对减少肥料投入、降低农业面源污染风险也具有良好的生态效益。

三、减排农田气体，实现绿色发展

当前气候变暖已成为人类面临的严峻挑战之一。2022 年政府工作报告明确指出，我国要提升生态系统碳汇能力，有序推进碳达峰、碳中和工作。我国农业温室气体排放量约占温室气体排放总量的 17%。稻田作为农业温室气体的主要排放源，其 CH_4 和 N_2O 排放总量显著高于任何其他谷物种植系统。为实现绿色减排，当前涌现出了多种生态高效种养技术模式，如稻肥轮作、稻油轮作、稻经轮作、稻田综合种养等，与农业绿色发展和供给侧结构性改革要求相符，有效地促进了生态效益和经济效益等综合效益的提升。

CO_2、CH_4、N_2O 浓度升高作为导致全球气候变暖、臭氧层破坏的重要因子，已成为农田气体排放关注的重点。近年来，水稻-大球盖菇、水稻-羊肚菌轮作等稻菌轮作高效栽培模式在温室气体减排方面表现出了良好的生态效益。与常规稻麦轮作相比，菌渣还田后，农田土壤的 CO_2、CH_4、N_2O 排放总量分别降低了 5.39%~12.96%、18.01%~34.74%、25.08%~31.94%，说明以"菌渣还田"为特色的稻菌轮作模式在温室气体的减排方面具有重大的潜力，该模式的培肥改土作用为微生物的生长提供了优渥的土壤环境，有效地降低了甲烷菌等微生物的代谢活动，从而起到了温室气体减排的作用。但值得注意的是，在实际生产过程中一定要关注土壤水分状况。将众多指标对比后发现，土壤含水量是影响稻菌轮作系统温室气体排放的主控因子。当土壤含水量较高时，形成的缺氧条件会加速微生物的无氧呼吸，释放更多的温室气体，从而显著降低整个稻菌轮作系统的温室气体减排作用，削弱该模式在生态效益方面的优势。

综合来讲，稻菌轮作模式对温室气体减排具有良好的生态效益，而该模式的生态效益能否得到高效的发挥，取决于多重因素的调控。因此，在实际生产应用中，一定要结合当地土壤类型、气候特点、生产技术进行多重考虑，特别要着重关注菌渣还田量、土壤含水量等因素对稻菌轮作系统内温室气体排放的影响。新模式发展理念要求在追求农业经济效益的同时更要重视社会效益和生态效益。

四、克服连作障碍,实现可持续健康生产

连作障碍是指连续在同一土壤上栽培同种作物或近缘作物引起的作物生长发育异常,其在粮食作物、经济作物、蔬菜水果和中药材等栽培种植中普遍存在。就食用菌生产而言,传统的栽培方法大多采用基质,有效杜绝了土壤病害,不存在连作现象。但近几年,随着食用菌产业和市场的蓬勃发展,涌现出了多种新型食用菌(如羊肚菌),其种植方法与常规基质袋栽技术不同,主要依赖外源营养袋提供营养,在土壤上维持菌丝生长和子实体发育,所以在实际生产中常会出现连作障碍,进而导致食用菌生长受限、产量降低、品质变劣,已成为限制食用菌产业快速发展的重要因素。

研究表明,产生连作障碍主要有三个方面的原因:一是微生物比例失调,病原菌的积累加重了土传病害的传播;二是某种单一养分过度消耗,土壤理化性质恶化,导致作物抗病能力变差;三是自毒物质增多,化感物质加剧了作物染病的危险。就食用菌栽培而言,菌后农田残留大量的菌丝、菌脚,在其衰老腐烂过程中杂菌孳生、病害横行、土壤中微量元素失衡是造成连作障碍的主要原因。目前,生产上主要通过品种选育、轮换菌种、作物轮作及土壤改良等手段消除作物的连作障碍。而南方地区食用菌连作障碍的发生率之所以低于北方地区,主要是由于多采用水旱轮作的模式。合理的水旱轮作能有效提高土壤的透气性、氧化还原电位,消除还原有毒物质,防止次生潜育化的发生,增加微生物的数量及活性,促进有机质的矿化,最终实现地力与肥力的提升。

稻菌轮作作为典型的水旱轮作模式,稻季的淹水作业对食用菌栽培季节残留的微生物、虫卵进行淹杀,可减少病虫害的发生,为后茬食用菌的健康栽培提供了重要保障。相关案例显示,在连续轮作三年的条件下,水稻-羊肚菌轮作小区年产量可稳定在 3 300 kg/hm^2 左右,可有效克服作物的连作障碍,避免了绝收的情况。就水稻而言,常年的水田连作,除了会出现水稻产量下降、品质变劣、生育状况变差等现象外,更会增加稻田肥料的投入,增加农业面源污染的风险。而稻菌轮作过程中,菌渣作为全钾含量高达 1.08% 的养分补充,满足了水稻这类喜钾作物对钾素的需求,使菌后水稻抗性大幅提升,减少了病虫害的发生;同时由于水旱轮作模式的存在,菌后稻田土能有效避免犁底层发青、密实及通气孔隙甚少的情况,减少次生潜育化的发生,从而为水稻的生长提供良好的土壤条件。因此,以稻菌轮作为代表的水旱轮作模式可有效地克服稻菌连作障碍,实现了稻菌生产的可持续发展。

五、治理环境污染，实现耕地友好

稻菌轮作对环境的修复作用主要依赖于菌渣的还田作用。研究发现，室温条件下，1%的蘑菇渣对萘的生物降解率达82%，对菲的生物降解率达59%。将5%的蘑菇渣堆肥在80 ℃下培养2 d后，污染土壤中多环芳香烃含量显著下降；在室温下培养2 d后，其对持久性有机污染物五氯苯酚（PCP）的去除率达88.9%，其中18.8%被生物吸附，70.1%被生物降解，经计算，每克蘑菇渣堆肥可去除15.5 mg的PCP。因此，菌渣作为一种潜在的修复环境污染的生物材料，使得稻菌轮作模式在土壤环境修复方面具有一定的优势；同时由于稻菌轮作模式对秸秆及菌渣的腐化作用，使得土壤中蕴含着丰富的腐殖质，在配位作用的帮助下，可使土壤中的金属离子与分子或者离子相结合，形成稳定的新离子，从而有效降低土壤中金属离子的毒害作用。

第三节 稻菌轮作种植模式的社会效益

社会效益是指最大限度地利用有限的资源满足社会居民日益增长的物质文化需求。在农业方面，社会效益主要是指所颁布的政策、创新的模式、技术的推广应用在农业产业发展、就业岗位增加、农药施用减量等方面创造的效益。

一、合理配置自然资源

资源的高效利用是实现良好社会效益的首要前提。稻菌轮作模式作为一种新型稻田综合种养模式，由于其兼顾水旱轮作的特点，通过稻季的淹水作业对食用菌栽培季节残留的微生物、虫卵进行淹杀，为后茬食用菌的健康栽培提供了重要保障，可有效解决菌类生产的连作障碍，降低了土壤的毒害作用，减少了耕地闲置，提高了土地的收获指数。另外，由于其轮作中秸秆原位还田、菌渣还田等独特环节的出现，实现了农业废弃物利用的资源化、高效化、无害化，进而综合实现了光、温、水、气、肥、土等农业宝贵资源的高效利用。

二、丰富乡村产业多样性

实现良好社会效益的关键目标是满足社会居民日益增长的物质文化需求。食用菌栽培具有投资小、周期短、见效快的特点，使得稻菌轮作模式迅速成为一种集经济效益、生态效益和社会效益于一体的短平快的农业致富发展项目，形成了相关设备配套研发制造业、项目技术指导应用产业、项目维护售后产业，有效地解决了农民的就业和增收问题，为满足农民日常生活需要、改善生活质量提供了重要的保障。另外，稻菌高效生态模式的发展与美丽乡村的建设相辅相成，具有集科研、旅游、科普于一体的特点，是生态、高效、观光农业的典型代表。多元化农业的发展不但能提高农村农业的抗风险能力，而且还极大地促进了乡村发展的多样性，为持续推进美丽乡村建设添砖加瓦。

三、优化乡村人才结构

人才是实现乡村振兴的持久保障。在人才培养方面,稻菌轮作模式作为一种水旱轮作模式的创新,地方通过加强与高等院校、农校、科研单位的合作,以发展高效生态循环农业为主题,柔性培养了一批懂农业、爱农村、爱农民的"三农"科技领军人员。此外,由于稻菌轮作的技术要点简单易学,通过科技领军人员的集中讲座、田间地头培训、手把手指导等方式,可使农民快速掌握稻、菌生产知识和技能,极大地提高农村从业人员的综合素养,积极鼓励多种类型的乡土人才接受农业相关专业学历教育、职业教育,将效益与前景相结合,从而吸引更多有志青年回乡创业,减少知识型、复合型人才的流失,从根本上改善了农村生产人员结构,有效地破解了乡村人才振兴难题,充分放大了乡村人才的"放射效应、磁场效应、乘数效应"。

因此,稻菌轮作生产是一种绿色高效的可持续发展模式,具有良好的经济效益、生态效益、社会效益,但在实际生产过程中应注意各种自然灾害的风险防范,强化田间科学种植和管理,避免减产或绝收现象的发生。只有真正做到对稻、菌生长特性的了解及栽培管理技术的掌握,才能使稻菌轮作模式成为发展循环农业和实现乡村振兴、绿色发展的有效途径,为江苏省乡村振兴战略实施提供持续有力的产业支撑。

第四节 水稻-羊肚菌轮作模式典型案例分析

一、涟水新钰源农业科技有限公司

涟水新钰源农业科技有限公司于2021年、2022年连续开展水稻和羊肚菌轮作,累计种植面积达300亩,羊肚菌亩均产量约300 kg,亩均每年增收约3万元,是在砂土条件下进行稻菌生产的代表性企业(图8-1)。在公司的努力下,稻菌轮作模式成为岔庙镇乡村发展建设的助推器,成功实现了"有质量、有数量"的招商引资,在岔庙镇富民壮村产业园里形成了一片欣欣向荣的景象。

图8-1 水稻-羊肚菌轮作模式在江苏涟水的应用

二、常熟市坞垃米业专业合作社

常熟市坞垃米业专业合作社位于常熟市古里镇坞垃村，基地内土地平整，土质以乌栅土为主，环境条件良好，区域灌溉水、土壤和大气量都符合绿色食品的生产条件，2019 年被评为全国农民合作示范社，2020 年荣获常熟市级农业产业化"龙头企业"和常熟市"十佳"新型农业经营主体。该合作社于 2021 年、2022 年连续开展水稻和羊肚菌轮作，累计种植面积为 20 亩，羊肚菌亩均产量约 200～250 kg，亩均每年增收 2 万多元，在保证稻、菌产业双丰收的同时，实现了绿色生态农业的可持续发展，为促进当地发展稻菌轮作生态循环模式起到了良好的带头作用（图 8-2）。

图 8-2　水稻-羊肚菌轮作模式在江苏常熟的应用

三、灌云县杨集镇张永均稻麦种植家庭农场

江苏省灌云县杨集镇张永均稻麦种植家庭农场于 2021 年开始推广应用羊肚菌-大豆（豆丹）/水稻轮作模式，累计种植面积为 20 亩（图 8-3）。截至 2022 年 7 月底，羊肚菌亩均产量约 200 kg，豆丹亩均产量约 75 kg（第一季），按羊肚菌单价 100 元/kg、豆丹单价 90 元/kg 计算，仅羊肚菌季和豆丹一季的亩均收益已达约 2.67 万元。

图 8-3 羊肚菌-大豆（豆丹）/水稻轮作模式在江苏灌云的应用实例

参考文献

［1］王元国，王新洋.黄红壤上水稻-食用菌轮作的肥力变化［J］.土壤肥料，1999（6）：33-34，37.

［2］白云，邓威，李玉成，等.水稻秸秆预处理还田对土壤养分淋溶及 COD 的影响［J］.水土保持学报，2020，34（3）：238-244.

［3］方梦紫，李玉成，张学胜，等.林下秸秆覆盖种植大球盖菇对苦驴河源头坡地清水产流的影响［J］.水土保持通报，2020，40（2）：47-53.

［4］益阳地区生态农业课题组.稻稻菇耕作制度的研究［J］.湖南农业科学，1988（3）：20-22.

［5］刘高远，和爱玲，杜君，等.大球盖菇-玉米轮作对秸秆降解、土壤理化性质、作物产量及经济效益的影响［J］.河南农业科学，2021，50（10）：60-68.

［6］杨四荫，张明富，王小波，等.添加不同辅料对大球盖菇生长及秸秆降解的影响［J］.

天津农学院学报，2020，27（3）：26-29.

［7］洪琦，赵勇，陈明杰，等.大球盖菇菌渣原位还田对土壤有机质、酶活力及细菌多样性的影响［J］.食用菌学报，2022，29（1）：27-35.

［8］刘唯佳，毛昆明，唐祺超，等.菌渣替代部分化肥养分施用对土壤养分含量及稻麦产量的影响［J］.四川农业大学学报，2021，39（3）：323-330，340.

［9］陈文博，王旭东，石思博，等.长期菌渣化肥配施对稻田土壤酶活性的影响及交互效应［J］.浙江农林大学学报，2021，38（1）：21-30.

［10］李瀚，邓良基，胡佳，等.成都平原菌渣还田下稻田田面水氮磷动态变化特征［J］.水土保持学报，2015，29（3）：295-300.

［11］赵志白，刘美菊，季光孟，等.单季稻施用食用菌废菌棒的效果［J］.浙江农业科学，2010（4）：801-802.

［12］耿和田，王旭东，石思博，等.菌渣与化肥配施对稻田土壤微生物群落组成及多样性的影响［J］.环境科学，2023，44（4）：2338-2347.

［13］黄小林.菌渣还田对农田温室气体排放的影响研究［D］.成都：四川农业大学，2012.

［14］祁乐，高明，周鹏，等.菌渣还田量对紫色水稻土净温室气体排放的影响［J］.环境科学，2018，39（6）：2827-2836.

［15］GAO X, LAN T, DENG L, et al. Mushroom residue application affects CH_4 and N_2O emissions from fields under rice-wheat rotation [J]. Archives of Agronomy & Soil Science, 2016, 63(6): 748-760.

后 记

随着气候变化、土壤退化、农业面源污染等诸多挑战日益加剧，由传统农业向绿色循环农业的转变变得越来越重要和紧迫。大力发展绿色种养、生态循环农业，聚焦产业促进乡村发展成为项目组多年来一直在探索、思考的课题。江苏是一个以传统稻麦、稻油两熟为主的农业大省，生态、气候、土壤类型丰富。如何结合江苏实际，聚焦藏粮于技、藏粮于地，以农业供给侧改革这个抓手，推动乡村振兴战略？笔者认为产业兴旺是重点。项目组在前期开展了大量稻田绿色高效的单项试验和技术应用工作。稻田综合种养是项目组近年来的主攻方向，其在稳定水稻生产的前提下，开展"水稻+N"稻田绿色种养技术的研究与应用，构建了稻-菜、稻-草莓、稻-虾、稻-鳖、稻-鸭、稻-虾-草-鹅等新型稻田综合种养模式，并在江苏进行了应用实践，取得了一定的成效，成果分别获得农业农村部农牧渔业丰收奖和江苏省农业技术推广奖。特别是近5年来，项目组成员之一江苏食用菌研究所挂靠单位江苏农林职业技术学院牵头，在苏南地区率先开展了设施条件下大球盖菇、羊肚菌品种引进和适应性试验并获得成功，2020年春在太仓、镇江、涟水等地进行水稻-大球盖菇、水稻-羊肚菌轮作试验并获得成功。围绕试验应用过程中存在的科学问题，项目组进一步聚焦难点和机理开展深入研究，于2021年申请了江苏省科技计划项目并获得资助立项，同时也得到了常熟一禾农业发展有限公司的支持。两年来，项目组在前期研究的基础上，积极围绕稻菌轮作增效机理、生态周年效应、健康栽培技术、抗逆技术、田间工程与优化技术等开展了一系列深入研究，旨在为稻菌周年轮作技术的熟化和应用提供可靠的理论和技术支撑。

在项目实施过程中，项目组受到淮安市农业农村局王兴龙副局长和江苏省农业广播电视学校淮安市分校邢国文校长的启发，将稻菌轮作模式作为江苏地区富民增收的项目进行试点和普及。随后成立了专门编写小组编写相关技术规程，在编撰过程中得到了苏州市农业科学院、江苏农林职业技术学院、江苏省农业技术推广总站、淮安市农业农村局、江苏省农业广播电视学校淮安市分校等单位领导、专家的广泛参与、关心、指导，并进行了多次研讨，形成了《水稻-羊肚菌周年绿色轮作技术规程》。该规程获得江苏省农学会立项并通过专家评审，已正式颁布；该技术同时被江苏省农业技术推广总站列为2022—2023年全省水稻主推模式。这一技术模式在江苏不同生态区的适应性还需进行多年实践印证，我们将在未来的工作中进一步修改完善。

在本书编撰过程中，江苏农林职业技术学院谢春芹副教授、苏州市农业科学院金梅娟助理研究员、灌云县农业农村局伏广成推广研究员及编写组成员倾注了大量的时间和精力，在此向在项目实施和本书编写过程中付出辛勤劳动的科研、教学和推广人员一并致谢！